净零能耗建筑论丛

建筑人员用能行为导论

燕 达 主编

中国建筑工业出版社

图书在版编目（CIP）数据

建筑人员用能行为导论/燕达主编. —北京：中
国建筑工业出版社，2022.8
（净零能耗建筑论丛）
ISBN 978-7-112-27483-3

Ⅰ.①建…　Ⅱ.①燕…　Ⅲ.①建筑能耗-节能-研究
Ⅳ.①TU111.19

中国版本图书馆 CIP 数据核字（2022）第 101223 号

责任编辑：张文胜
责任校对：李美娜

净零能耗建筑论丛
建筑人员用能行为导论
燕　达　主编
*
中国建筑工业出版社出版、发行（北京海淀三里河路 9 号）
各地新华书店、建筑书店经销
北京科地亚盟排版公司制版
北京君升印刷有限公司印刷
*
开本：787 毫米×1092 毫米　1/16　印张：12½　字数：312 千字
2022 年 8 月第一版　　2022 年 8 月第一次印刷
定价：**45.00** 元
ISBN 978-7-112-27483-3
（39113）

本书编委会

主　　编：燕　达

副主编：王　闯　周　欣　安晶晶

参编人员：燕　达　王　闯　周　欣　安晶晶　孙红三
　　　　　丰晓航　任晓欣　祝泮瑜　钱明杨　晋　远
　　　　　吴　奕

前　言

　　我国正处于城镇化快速发展时期，带来了建筑行业的飞速发展，在关注建造规模扩大增加能源消耗的同时，建筑运行管理领域的节能减排工作得到了社会的广泛重视。在建筑设计与运行阶段，建筑中的人员用能行为差异巨大，具有随机性和多样性的特征，使得建筑的实际能耗情况难以准确预估，造成了模拟与实际状况的巨大差异。

　　建筑中的人员用能行为含义广泛，主要是指影响建筑能耗水平的人员行为动作，包括人员在空间之间的移动及各空间内人数、空调器开关与温度设定、供暖行为动作、照明和用电设备开关、窗户和遮阳设备操作等。诸多研究表明，建筑中的人员用能行为对室内热湿环境、舒适度、建筑实际用能与碳排放水平产生显著影响。

　　因此，建筑中的人员用能行为愈发引起建筑模拟行业的关注。中国工程院《全球工程焦点 2017》中指出，"建筑环境与人行为"是土木、水利与建筑工程领域排名前十的工程研究热点。国内外学者对此开展了深入的研究工作，随着国际能源署建筑与社区能源国际合作项目 ANNEX66、ANNEX79 项目先后开展，建筑人员用能行为这一研究领域得到了持续的发展。

　　本书作者围绕建筑人员用能行为开展了长期的研究，提出了人行为观测、建模、检验、应用全过程的科学定量刻画方法，从人员用能行为的数据采集方法，到位移模型和动作模型的构建及应用，再到典型用能行为模式研究和建筑性能模拟软件集成，均取得了研究成果。本书将这些研究内容系统化整理，形成了建筑人员用能行为导论。

　　第 1 章主要介绍了建筑中人员用能行为的研究意义与科学定义；第 2 章主要介绍了建筑中人员用能行为数据的采集方法，是人员用能行为研究的重要基础；第 3 章围绕建筑中的人员位移情况，主要介绍了人员在室情况和人数情况的模拟模型以及未来时刻的预测模型；第 4 章围绕建筑中的人员用能动作，包括空调行为、生活热水使用行为、照明行为等，主要介绍了用能动作模拟模型的构建方法、具体工程应用，同时介绍了建筑中人员用能行为建模的检验方法；第 5 章主要介绍了典型行为模式的提取与检验方法，为建筑节能设计与政策制定奠定重要基础；第 6 章主要介绍了将上述研究内容与建筑性能模拟软件集成与使用说明，便于工程研究中使用人员用能行为的研究成果；第 7 章对建筑中人员用能行为研究做了总结和展望。

　　本书由燕达老师主编，王闯、周欣、安晶晶老师共同担任书稿的编撰工作。本书由以下科研项目资助：国家重点研发计划"净零能耗建筑适宜技术研究与集成示范"（2019YFE0100300）；国家自然科学基金"建筑中典型行为模式及人群分布获取及检验方法研究"（51778321）；国家自然科学基金"分散调节方式下的住宅空调使用行为及其定量模型研究"（51608297）；国家自然科学基金"基于建筑需求不同步性的空调系统各环节供需匹配特性与技术适宜性研究"（52078117）；国家自然科学基金"基于建筑异质性空间分布的区域建筑集群负荷特征分析方法研究"（52108068）；国家重点研发计划"建筑全性能仿真平台内核开发"（2017YFC0702200）；国家重点研发计划"气候变化风险的全球治理与国内应对关键问题研究"课题"我国应对气候变化与经济社会环境协同治理路径模拟研究"（2018YFC1509006），特此感谢！

　　本书基于围绕建筑用能行为所开展的长期研究成果总结提炼，并形成研究导论，由于研究仍在不断持续开展，书中难免有所疏漏和不妥之处，希望广大读者批评指正。

目　　录

第1章 建筑中人行为研究的背景

1.1 我国建筑节能减排工作的重要性

我国正处在城镇化的快速发展时期，2019年我国城镇化率已达60.6%。从2001年到2019年，我国建筑营造速度逐年增长，城乡建筑面积大幅增加。分阶段来看，2007~2014年我国的民用建筑竣工面积快速增长，以每年20亿 m² 左右的速度稳定增长至2014年的超过40亿 m²；自2014年至今，我国民用建筑每年的竣工面积基本稳定在40亿 m²以上，2019年我国建筑面积总量约644亿 m²（图1-1）[1]。

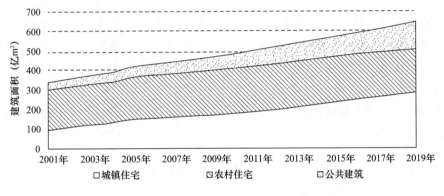

图1-1 我国建筑面积逐年变化（2001~2019年）

建筑规模的持续增长主要从两方面驱动了能源消耗和碳排放增长：一方面，建设规模的持续增长需要以大量建材和能源的生产和消耗作为代价，我国大量的新建建筑和基础设施所产生的建造能耗是我国能源消耗和碳排放持续增长的一个重要原因；另一方面，不断增长的建筑面积也带来了大量的建筑运行能耗，包括民用建筑中为使用者提供供暖、通风、空调、照明、炊事、生活热水以及其他为了实现建筑的各项服务功能所使用的能源。

2019年我国建筑运行总商品能耗为10.2亿 tce，约占全国商品能源消费总量的21%，（图1-2）。如果加上当年新建建筑带来的建筑建造能耗（主要包括建材生产能耗和建筑施工能耗），整个建筑领域的建造和运行能耗占全社会一次能耗总量比例高达33%[1]。

开展建筑节能减排工作，是我国的能源及环境的严峻形势所决定的，对促进国民经济发展和社会全面进步具有重要意义。我国在减缓气候变化方面的目标：二氧化碳排放力争于2030年前达到峰值，努力争取2060年实现碳中和。建筑作为工业、交通和建筑这三大用能领域之一，与能源消费和碳排放密切相关，开展建筑节能减排工作也是我国"十四五"期间的重点工作之一，是我国国民经济发展的一项长期任务，是实现可持续发展的必然选择。

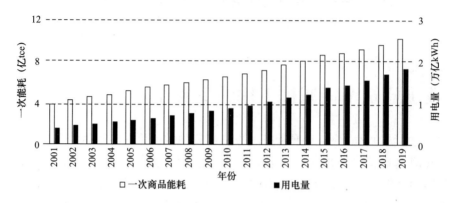

图1-2　我国建筑商品能耗总量及用电量（2000～2019年）

我国建筑节能工作在"十二五""十三五"期间已取得显著成就，尤其是北方城镇集中供热，通过对新建建筑贯彻建筑节能标准，既有建筑开展节能改造，改善围护结构保温，推广和更换高效供暖热源，以及通过改变计量收费模式促进末端调节，2001～2019年，北方城镇建筑供暖面积从50亿 m^2 增长到152亿 m^2，增加了2倍，而能耗总量增加不到1倍，能耗总量的增长明显低于建筑面积的增长，体现了节能工作取得的显著成绩——平均的单位面积供暖能耗从2001年的23kgce/m^2，降低到2019年的14.1kgce/m^2，降幅明显（图1-3）[1]。

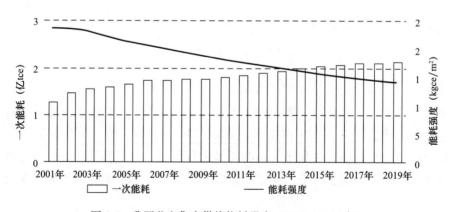

图1-3　我国北方集中供热能耗强度（2001～2014年）

综上所述，建筑节能减排对促进国民经济发展和社会全面进步具有极其重要的意义，是我国国民经济发展的一项长期任务，同时也是实现可持续发展的必然选择。开展建筑节能减排工作，是世界和我国的能源及环境的严峻形势所决定的，也是我国"十四五"时期的重点工作之一。

1.2 建筑用能行为的不同是我国能耗低于发达国家的主要原因

国际能源署 IEA 的建筑能耗数据结果表明，我国建筑能耗与发达国家相比，无论是人均还是单位建筑面积能耗强度均处于低位，如图 1-4 所示[2]。中外住宅与公共建筑的调查与实测数据对比研究表明[2]，我国建筑单位面积能耗低主要是由我国居民生活方式和建筑使用模式与发达国家有所不同所造成的。

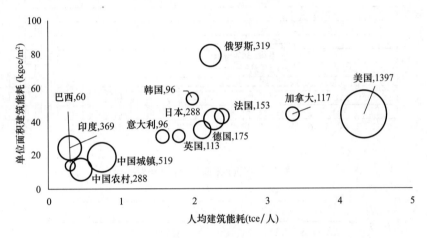

图 1-4 我国与发达国家建筑能耗对比

注：圆圈大小表示建筑能耗总量，单位：百万吨标准煤。

这些不同的人行为和建筑使用方式，实质上代表了不同国家长期以来各自独特而典型的居民生活方式，例如，在我国的住宅和一般公共建筑中，人们通常优先采用自然调节手段满足居住和使用要求，即按"被动优先、主动优化"的原则，空调照明等设备仅在必要的时候启用，往往是"有人时开、无人时关"；而发达国家的同类建筑，则主要依靠空调、照明等机械手段满足建筑内部要求，这些系统往往在无人的时候也照常运行。这些建筑中使用方式与人行为的差异，是造成我国建筑能耗整体水平远低于发达国家的主要原因。

1.3 不同的使用方式导致建筑能耗的巨大差异

人行为对建筑能耗具有十分显著的影响，也是造成建筑能耗不确定性的关键因素[3-7]。李兆坚等人[8]对北京市一栋普通住宅楼的夏季空调能耗进行了逐周的调查分析，发现在同一栋住宅楼中，不同住户的空调能耗差别很大，最大一户的空调能耗约为 $14kWh/m^2$，而空调能耗最少的接近为 0，如图 1-5 所示。

郭偲悦等人[9]通过对 157 户同样采用分体空调进行冬季供暖的上海居民住户的实际能耗进行调研，由图 1-6 可以看出，其冬季供暖耗电指标分布从近乎 0 到 $17kWh/m^2$，平均值仅为 $4.1kWh/m^2$，其中能耗最高的前 25% 的用户（深色柱子）所消耗的能耗占到全部样本总能耗的 59%。这些住户虽然位于相同的气象条件，并基本采用了类似的供暖技术，但个体之间的用能水平相差悬殊，正是由于居民供暖使用方式的不同造成了这一巨大差异。

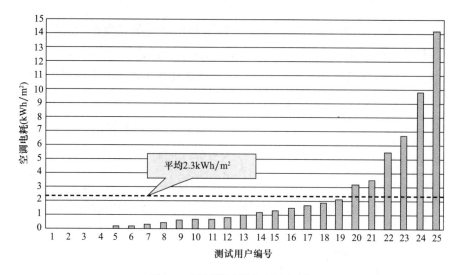

图 1-5　不同测试用户空调电耗

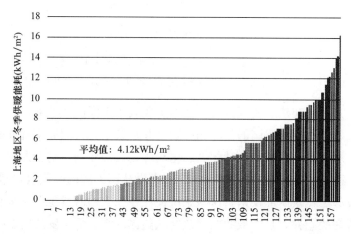

图 1-6　上海地区 157 户城镇居民供暖能耗调查结果

　　Fabi 等人[7]也在丹麦的 35 个相似的住宅公寓楼中对供暖能耗进行了监测，发现最后得到的建筑供暖能耗差别很大，如图 1-7 所示。由于这些建筑的围护结构差异小，供暖能耗的差异主要来源于人对供暖设备的控制，即不同的供暖运行方式和运行时间造成了巨大的能耗差异。

　　同样对美国办公室照明能耗的分析中也发现使用者行为差异造成照明能耗差异巨大的现象。办公室使用者对照明的调节行为及偏好习惯差异（图 1-8），使得各办公室的照明用电量差异显著[10]。

　　国内外专家学者通过测试、模拟等多种研究手段，对建筑能耗的差异进行了分析，结果表明人员不同的使用方式是导致建筑能耗巨大差异的重要因素。Masoso 等人[11]对南非

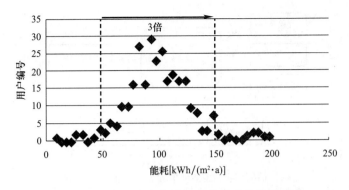

图 1-7　丹麦 35 个相似的住宅公寓楼的供暖能耗

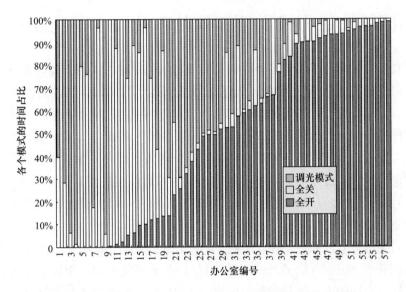

图 1-8　美国某办公楼 58 间单人办公室的照明灯具使用情况

办公建筑的照明能耗监测结果表明，非工作时间的照明能耗占到了整体照明能耗的 56%，因为部分人员在下班离开时仍然保持照明开启。Bahaj 等人[12]对英国住宅的逐月耗电量进行了统计，发现在围护结构等外部参数相同的住宅，耗电量差别很大，这主要由住户的生活习惯差异决定的。Guerra-Santin 和 Itard[5]研究了人行为对供暖能耗的影响并做统计分析，发现供暖系统开启时间的不同造成了很大的能耗差别。C. M. 等人[6]采用美国建筑能耗模拟中常用的不同的人员作息和对环境温度的偏好等设置，研究建筑能耗模型中人行为不确定性的影响，通过模拟计算发现即使采用同样的空调/供暖模式，设定为不同的温度阈值，空调/供暖能耗相差超过 150%。

　　综上所述，建筑能耗和人行为是密切相关的，人行为在建筑能耗中是一个不可忽视的敏感因素，在室外气象、围护结构、设备系统形式等确定的情况下，室内人员对各种能耗相关设备的调节和控制，在很大程度上决定了建筑的总体能耗，如图 1-9 所示。通过研究建筑中的人行为，将为建筑能耗模拟提供更加符合现实的人员及设备作息，进一步实现准确模拟建筑能耗，为建筑节能改造和新建建筑的评估提供更加准确可信的参考。

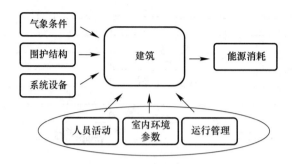

图 1-9　使用方式是影响建筑能耗的重要因素

1.4　不同的使用方式需要不同的节能技术与之相适应

　　选择怎样的技术措施能在满足室内人员舒适需求的基础上实现节能，是建筑节能设计与技术评估等工程实践中所关心的一个重要问题。而使用方式不仅直接影响建筑用能水平，也影响到建筑节能技术措施的评估与选择。在评估一项建筑技术是否节能时，总要选择某种类型的人行为或建筑使用方式作为对比分析的参考依据。而基于不同的人行为和建筑使用方式，往往得到不同甚至相反的结论。Fabi 等人[4]研究了在不同的窗户和遮阳情况下建筑设计的鲁棒性，发现更为详细定量的人行为描述能提高建筑设计的鲁棒性。Belessiotis 等人[3]发现通过加强围护结构保温获得的节能潜力，很大程度上取决于室内人员控制供暖系统运行的方式。

　　由于人行为的差异性和多样性，一些"高能效、高性能、高技术"的建筑本体做法和设备系统形式并不一定表现出显著的"低能耗"，甚至可能不如常规普通建筑。因此从节能的角度来说，不同的人行为和建筑使用模式需要匹配不同的节能技术措施。

　　关于上海地区住宅围护结构性能的研究同样表明，由于上海地区供暖模式一般为部分时间、部分空间的形式，在现有的围护结构标准上继续加强围护结构的保温性能获得的节能量已经不显著，而如果供暖模式为全时间、全空间形式，那么加强围护结构保温性能将获得非常可观的节能量[13]，如图 1-10 所示。

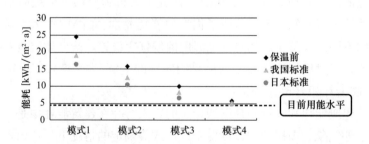

图 1-10　上海地区住宅建筑采用不同围护结构的能耗模拟结果对比

　　一项对于住宅集中式空调系统的调研中，发现住宅建筑中分散式空调的能耗明显低于采用集中空调系统时的能耗，如图 1-11 所示[14]。从空调系统的 COP 分析，目前分体空调

的 *COP* 约为 2.5，集中空调系统的 *COP* 约为 3～4，略高于分体空调。而实测结果表明，集中式空调系统能耗一般为分体空调能耗的 3～4 倍。造成这一差异的主要原因在于居民的使用方式。实测的采用集中空调系统的小区，其供冷季风机盘管（FCU）平均开启率仅为 7%，如图 1-12 所示，计算得到的冷机 *COP* 仅为 1.7[15]。

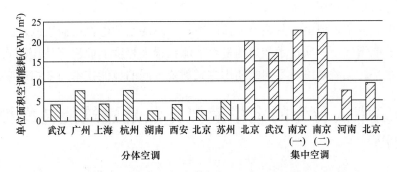

图 1-11　住宅建筑中分散式空调及集中式空调的能耗实测结果对比

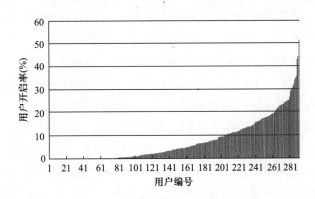

图 1-12　实测小区供冷季 FCU 开启率

图 1-13 为在北京、上海不同空调形式办公楼的空调电耗测试结果。其中，北京的 7 个案例中，前三个案例的办公建筑采用变制冷剂流量系统（VRF），第 3 个案例采用风机盘管（FCU）系统，而其他 3 个案例均采用变风量（VAV）系统。在上海的 6 个案例中，前两个案例采用 VRF 系统，第 3～5 个案例采用 FCU 系统，而最后一个案例采用 VAV

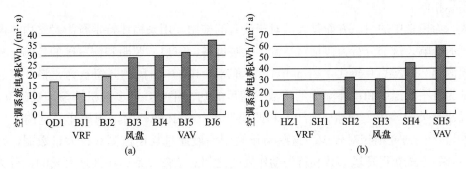

图 1-13　办公建筑采用不同空调系统形式的空调电耗对比

（a）北京；（b）上海

系统。在这 13 个测试案例中，同一地区办公楼的围护结构参数、建筑服务水平均差别不大。从结果中可以看到，采用 VRF 的办公楼，其空调电耗普遍低于采用风机盘管及变风量系统的办公楼。而采用风机盘管系统的办公楼，其空调电耗也普遍低于采用 VAV 系统的办公楼的情况。从能耗数据的对比中可以明显观察到，对于室内环境需求较为多样的环境下，采用分散式的空调系统形式可以灵活地满足不同的需求，虽然分散式空调系统的总效率低于集中式空调，但由于其调节灵活的特点，总的空调电耗反而较低。

在建筑节能领域，一项技术和措施是否节能在很大程度上取决于使用模式和为使用者提供的服务水平。也就是说，不同的使用方式需要不同的节能技术与之相适应。

1.5　建筑中人行为的定量模拟方法是建筑能耗模拟技术的前沿

随着计算机技术的发展，建筑模拟技术成为一种辅助建筑设计和运行能耗评估的有效手段，被广泛应用于建筑围护结构设计、空调系统运行和各种节能技术的性能评价中。在影响建筑能耗的各项因素中，人行为的研究尚缺乏科学系统的方法来定义和定量描述。建筑中的人行为大致可分为人员位移和动作两大部分[16]。传统的建筑能耗模拟软件，如 EnergyPlus[17]，DeST[18]等，通常将人行为简化描述为固定的作息或启动温度，这种简化方式无法表征人行为对于建筑热湿环境和能耗的复杂动态作用。

人员位移的模拟是人行为模拟的基础，为进一步模拟人员对设备的控制提供了房间内是否有人和人数等必需的信息。一方面室内人员产热产湿，另一方面室内人员影响着设备控制。人员的到达、离开和离开时长等也是影响人和建筑之间作用的重要因素[19-21]。目前已有大量随机性的模型来定量刻画建筑中的人员位移。例如 Chang 等人[22]对某办公楼中一层的 200 个开放办公隔间的人员在室情况作了统计分析，获得了人员离开次数和离开时长的概率分布模型。Page 等人[23]采用二维马尔可夫链的方法，用来模拟人员是否在某个房间，并且引入了长时间离开的模拟。Wang 等人[24]提出了一种基于马尔可夫链的模拟人员在各房间之间移动的方法，其中每个人的位移参数可归纳为一个时间齐次的马尔可夫矩阵。这些模型都通过表现某些统计特征，将人员位移作为随机过程处理，具体采用的随机方式不尽相同。

人行为模拟中的另一方面是人员对于设备的控制，用来描述特定行为对室内热湿环境和能耗的影响。这部分行为包括对空调、供暖设备、窗户、照明和窗帘等的控制。相关研究可追溯到 20 世纪 70 年代，Brundrett[25]研究了 100 户居民的开窗行为，将开窗的房间数表征为月平均温度和室外湿度的函数。随后的几十年中，许多随机性模型被建立起来，用来描述开关窗[26,27]、窗帘[19,21,27,28]和照明[19,29,113]。其他行为，例如开关空调[30,31]和调节着衣量[32]的研究则相对较少。这些动作模型一般通过长期监测获得大量数据，并且由数据拟合的方式获得环境参数和行为动作发生之间的定量关系。在处理大量的人行为数据时，数据挖掘技术最近也被用来确定人行为模式和影响因素[33]。

建筑能耗模拟技术是定量预测建筑室内环境与运行能耗状况，评估室外气象、围护结构、设备系统、人行为等因素对建筑性能影响的主要手段，也是在各项建筑节能工作中广泛使用的基础工具。然而，目前的模拟技术对人行为的描述与刻画还很不完善，随着节能工作与实践的深入，逐渐暴露出很多问题：

（1）由于不能很好地刻画现实生活中复杂多样的人行为及其用能过程，模拟计算结果难以准确反映实际人行为对建筑用能水平的影响，并常常与实测结果产生较大偏差。

（2）由于不能充分描述实际人行为的种种特征，导致某些建筑技术措施在实际建筑中的性能表现在模拟计算中得不到合理反映，模拟评估结论容易与实际观测到的情况不相符。

（3）目前节能标准规范中采用的标准工况与我国实际情况有很大不同，按标准工况计算得到的除供暖外建筑能耗普遍高于该类建筑的实际平均能耗水平，标准规范的节能效果无法在实际建筑能耗总量的变化中得到体现。

造成上述模拟与实际结果不符、相互脱节现象的主要根源在于人的行为没有得到准确刻画。在目前的模拟分析工作中，往往更多地侧重于气象参数、围护结构和设备系统方面，对人行为大多采用较为简化的方式进行描述，无法有效体现出人行为的各种显著影响，因此在很多情况下，造成了模拟分析结果与实际情况偏差很大。这使得模拟技术的发展和应用遇到严重瓶颈，也给人行为的刻画提出了更高的要求。如何定量刻画复杂的人行为，已成为建筑能耗模拟技术中亟待解决、必须攻克的重要难题。

因此，需要深入研究建筑中人的行为，在模拟技术中建立人行为的定量描述和计算分析方法，进一步提升建筑能耗预测精度以及节能技术评估的可靠度，为各项建筑节能工作提供更加准确可信的参考结果。

第 2 章　数据采集方法

2.1　数据采集方法综述

　　人行为的数据采集方法是研究人员在建筑内移动和用能行为的基本要素。为了获取人员在建筑中的行为，研究人员可以收集两种类型的信息：（1）使用问卷调研获取的信息；（2）传感器等数据采集技术的监测信息。问卷调研信息可以揭示行为的理由和动机，但它们依赖于人员的主观回忆，这可能与实际行为的类型、持续时间和频率不符；传感器等数据采集技术通常用于收集人员位置及其与建筑环境互动等信息，如人员的位置、动作、能耗等，这些定量数据为人员位移和用能行为的生理、心理和社会方面的研究奠定了基础。

　　有多种传感技术可用于收集人行为相关数据，主要包括：基于图像识别的技术，基于阈值和机械原理的技术，运动传感技术，基于无线电采集的技术，人机互动技术，以及能耗采集技术等。这些技术可分别用于获取人员在室和移动信息、建筑内人数信息、人员用能行为信息（如开关灯、调节温控器、开关窗和遮阳设备），以及指导人员对建筑能耗影响等方面的研究分析。已有研究提出了 9 个性能指标用于描述和评价不同传感技术，如表 2-1所示，这些指标为人行为研究数据采集阶段的工作开展提供参考[34]。

　　在人行为数据采集中，传感器可能被部署在某一特定研究的相关区域，或成为现有建筑自动化和控制网络的一部分。通常，有四种不同的技术配置用于采集人行为数据：手动收集、无线网络、网关/建筑自动化系统和互联网。人行为数据可以使用不同的数据存储平台进行存储，例如，传感器数据可以记录在本地的临时存储介质上，如闪存卡，采用人工手动读取的方法来获取人行为数据；另外，传感器数据的采集也可以由智能手机或小型计算机板组成的传感器节点来实现，传感器可以通过本地输入/输出（I/O）或本地网络连接到传感器节点；此外，来自 BAS 系统的人行为数据被自动储存于商业数据库中，研究人员可以直接读取商业数据库中相关数据；支持互联网的传感器允许其与数据库进行直接通信，将数据存储在服务器或云平台上，传感器将数据推送至数据库，或者数据库主动从传感器中提取数据，传感器的互联网化是针对物联网（IoT）产品和服务发展的趋势的一部分。

　　然而，目前基于传感器的数据采集技术在传感元件、能耗、数据处理和通信等方面存在一些困难。首先，现有的传感元件仍然不能满足某些建筑系统的要求，例如暖通空调（HVAC）控制中对人数的监测不够准确，当需要进行房间温度调整或通风控制时难以判断房间内是否有人。其次，大多数传感器依靠外部电源进行长期实验，这给大规模部署

传感技术及其性能指标的汇总

表2-1

类型	具体的传感技术	费用	充电形式 电池	充电形式 充电线	数据存储 本地	数据存储 网络	应用场所 公共建筑	应用场所 住宅建筑	监测范围 监测距离	监测范围 监测角度	人员信息类型 位置	人员信息类型 计数	人员信息类型 人员追踪	人员信息类型 动作	人员信息类型 状态	采集形式	准确度	应用案例 出售商品	应用案例 照明	应用案例 空调	应用案例 安防
基于图像	录像机	¥¥	Y	Y	Y	Y	Y	N	无限	90°~180°	Y	Y	Y	Y	Y	定期/事件触发	高	Y	N	N	Y
基于图像	红外摄像机	¥¥	Y	Y	Y	Y	Y	N	无限	90°~180°	Y	Y	Y	Y	Y	定期/事件触发	高	Y	N	N	Y
基于阈值和机械原理	红外线	¥	N	Y	N	Y	Y	N	20m	N/A	N	N	N	N	N	事件触发	低	Y	Y	Y	Y
基于阈值和机械原理	压电坐垫	¥	N	Y	N	Y	Y	N	N/A	N/A	N	N	N	N	N	事件触发	低	Y	Y	Y	N
基于阈值和机械原理	磁簧开关	¥	N	Y	N	Y	Y	N	N/A	N/A	N	N	N	N	Y	事件触发	低	Y	Y	Y	Y
基于阈值和机械原理	门卡	¥¥¥	N	Y	N	Y	Y	N	N/A	N/A	N	N	N	N	Y	事件触发	中等	Y	Y	Y	Y
运动传感技术	被动式红外传感器 PIR	¥¥	Y	Y	Y	Y	Y	Y	10m	110°	Y	Y	N	N	N	事件触发	中等	Y	Y	Y	Y
运动传感技术	超声多普勒	¥¥	Y	Y	Y	Y	Y	Y	20m	360°	Y	N	N	N	N	事件触发	中等	Y	Y	Y	Y
运动传感技术	微波多普勒	¥¥	Y	Y	Y	Y	Y	Y	20m	360°	Y	N	N	N	N	事件触发	中等	Y	Y	Y	Y
运动传感技术	超声波测距	¥¥	Y	Y	Y	Y	Y	Y	4m	90°	Y	Y	N	N	N	事件触发	中等	N	N	N	N
基于无线电采集	RFID	¥¥¥	N	N	N	Y	Y	Y	3~200m+	N/A	Y	Y	N	N	N	定期	中等	Y	N	N	N
基于无线电采集	UWB	¥¥¥	Y	N	N	Y	Y	N	3~200m+	N/A	Y	Y	N	N	N	定期	中等	Y	N	N	N
基于无线电采集	GPS	¥¥¥	Y	N	N	Y	Y	N	无限	N/A	Y	Y	N	N	N	定期	中等	Y	N	N	N
基于无线电采集	WiFi/Bluetooth	¥¥¥	Y	N	N	Y	Y	Y	32m	N/A	Y	Y	N	N	N	定期	中等	Y	N	N	N

续表

类型	具体的传感技术	费用	充电形式		数据存储		应用场所		监测范围		人员信息类型					采集形式	准确度	应用案例			
			电池	充电线	本地	网络	公共建筑	住宅建筑	监测距离	监测角度	位置	计数	人员追踪	动作	状态			出售商品	照明	空调	安防
环境数据采集	空气质量参数	￥￥	Y	Y	Y	Y	Y	Y	每个空间	N/A	Y	Y	N	N	N	定期	低	Y	N	Y	Y
	声学参数	￥￥	Y	Y	Y	Y	Y	Y	每个空间	360°	Y	Y	N	Y	Y	定期	中等	Y	Y	Y	Y
人机交互	观测数据	￥￥	N/A	N/A	N/A	N/A	Y	Y	N/A	N/A	Y	Y	Y	Y	Y	定期/事件触发	高	N/A	N	N	Y
	人员信息	￥	N/A	N/A	N/A	N/A	Y	Y	N/A	N/A	Y	Y	Y	N	N	事件触发	低	Y	N	Y	Y
	建筑信息	￥	Y	Y	Y	Y	Y	Y	N/A	N/A	Y	N	N	Y	Y	事件触发	中等	Y	Y	Y	Y
用量采集	能耗	￥￥	Y	Y	Y	Y	Y	Y	N/A	N/A	Y	Y	N	Y	Y	定期	中等	Y	N	Y	Y
	用水量	￥￥	Y	Y	Y	Y	Y	Y	N/A	N/A	Y	Y	N	Y	Y	定期	中等	Y	N	Y	Y

注：从"￥"至"￥￥￥￥"代表传感器的成本依次上升，其中"￥"代表价格较低的传感器(＜￥2)，"￥￥￥￥"代表价格昂贵的传感器(＞￥150)；N/A表示不可行；Y代表有应用，N代表没有应用。

（如整栋楼布置传感器）带来了成本和布线方面的挑战。第三，当前的数据处理单元是基于本地主板或云平台的，本地处理单元耗电量较大，而基于云平台的处理器需要考虑其数据安全性。最后，通信决定了数据发送存储的频率，通信需要消耗整个传感器单元60％以上的功率。总体而言，尽管目前传感技术得到了较为快速的发展，其在人行为数据采集应用中仍存在较多问题，需要研究者根据实际研究需求进行判断和选择。

2.2　问卷调研

调研方法主要基于个人行为的自我报告进行人行为数据采集[35]，可以采取单独收集的方式，也可以在现场或实验室开展测试实验过程中同步收集，调研结果结合采集或观测到的物理数据，有助于全面了解建筑中居住者的行为和感受。该方法在揭示人员行为及其背后的逻辑和原因方面非常有效，这是基于传感器的数据采集方法无法做到的[36]。调研是一种极具成本效益的手段，因此常用于大样本量的建筑人行为数据采集，以获得大量的样本及其他与受试者行为、感知和偏好相关的有用信息，并且其可以测量传感器难以或无法测量的信息，如热舒适感和衣服水平等。现有研究[37-39]已经多次借助调研方法，采用电话、问卷或在线调查等手段对受试者在建筑内的行为方式开展了调研工作，并被用于模型开发研究[39]。尽管调研方法也存在一定的局限性和问题，但设计良好的调研在大多数研究中可以提供有用和丰富的数据样本，以更好地了解建筑中的居住者行为。

使用者行为研究中使用调研方法也存在一些问题。首先，调研结果与真实结果可能存在偏差。一方面，一些既定的心理偏差（包括霍桑效应和社会欲望偏差）表明自我报告的行为与观察到的行为可能存在差异[40]；另一方面，对不同的建筑服务系统缺乏了解或对问题的误解将导致受试者在不知情的情况下做出错误的回答。此外，相对于现场测试和实验室测试等方法，调研方法通常不便于频繁采样，这主要因为调研结果依赖于受试者的主动回答，因此调研方法不适合应用于时间维度上的对比研究。尽管有这些限制，调研方法仍然是提高人们对建筑人行为理解的有效手段之一。

调研方法可以获得目标人群在一些问题上的定性趋势、意见和态度，也可以获得一些定量数据。由于调研依赖于个人行为的自我报告，一些受试者不真实或不准确的回答会影响调研结果的准确性。为了确保调研结果能够提供可靠和有效的数据，需要认真考虑调研的所有因素并进行良好的调研设计。一个好的调研设计应该建立在理论方法、研究问题、合理假设以及定义明确的变量和度量方法之上。同时，采取适当的调研步骤，最大限度地提高受试者报告有效信息的可能性，最终为人行为研究提供丰富的数据。

问卷调研的设计可以借鉴社会学和心理学的相应研究，对使用者的顺同性、社交焦虑、照度或温度敏感性、结果感知性、责任感知性、节能习惯等因素进行调研，另外也在问卷中加入外向性和严谨性的相关问题作为干扰项。在居住者行为研究中，应多使用多项目测量的方法，有助于了解受试者的心理属性。一个单一项目的测量，如整体室内环境质量（IEQ）满意度，可以将 IEQ 分解成几个更细微的测量指标，如热觉、视觉、声学、隐私、照明等。一般来说，当研究居住者的行为和某些参数的相关性时，更细化的指标可能会产生最佳的结果。当测量任何心理或行为属性时，实施多项目测量也同样重要。在问卷调研设计中，有三种基本问题结构可以使用：（1）开放式；（2）有序类别的封闭式；（3）无序类别的封闭式。一个问题也可以是部分封闭式的，其形式是一个封闭式的问题，在答案选项的末尾有一个额外的开放式选项——通常是"其他"或"请说明"。

问卷在正式发放之前还需要进行小样本的试点调研，以测试问卷设计的合理性、可靠性和有效性，确保后续调研工作可以按照预期开展，即调研内容符合预期、问题设计清楚易懂等。因此，试点调研的结果通常不应包括在全面调查部署的结果中，特别是在两个阶段的样本选择不同的情况下（即试点研究是方便抽样，全面调查实施是随机抽样）。

开展正式调研工作时首先需要解决两个问题：一是调研需要多大的样本量，二是如何挑选样本，很多社会科学方法都提供了一些参考方法。为保证采集的数据具有代表性，可以反映各个城市、不同建筑类型的用能特征，一般采取分层抽样的抽样方法，即将总体样本按几个主要的特征指标分成若干"层"，再从每一层内随机抽取一定数量的观察单位组成样本，使得主要特征指标的分布符合实际情况。以城镇住宅调研为例，选取的主要特征指标包括家庭总收入、调研人员的年龄、调研住户的建筑面积，即选取的样本保证了调研住户的建筑面积分布与调研省份实际建筑面积分布接近、调研住户的家庭收入与调研省份家庭收入的分布情况接近、调研人员的年龄与调研省份的实际居民年龄分布接近，各省份具体的建筑面积、家庭收入、住户年龄的实际分布参考当地统计年鉴与其他相关调研（人口普查、民生调查等）获得。

进行调研有几种数据收集形式，包括：邮件/电子邮件、电话、互联网、视频会议、个人访谈和焦点小组。常见的调研方式包括入户调研和网络调研：

（1）入户调研要求相关调研人员进入被调研者的住宅/办公室中，指导被调研者完成问卷。这种调研方式需先对调研员进行培训，讲解问卷中的相关逻辑，解释问卷中出现的一些专有名词。在调研完成后有专门的质控人员抽取问卷进行核查。这种调研方式在调研人员素质较高时可保证问卷有很高的质量，但费用较高。且在实际调研中发现这一方式难以保证调研用户的全面性，存在一定的局限性。

（2）网络调研是在网上提供问卷，需用户在线完成。可在网络平台上设定必答题以保证重要参数不会缺失，但难以设定一些复杂的逻辑关系。这种调研方式费用相对较低，但问卷的质量控制难度较大。

2.3 现场实测

现场实测是基于建筑自动化系统（BAS）内置传感器或新布置的传感器获取在自然环境中人员位移数据或用能行为数据的数据采集方法，传感器可以实时监测人员行为和室内环境数据，如人员在室和移动信息、人员用能行为信息（如开关灯、调节温控器、开关窗和遮阳设备）、建筑能耗信息和室内温湿度、CO_2浓度等环境参数等[21,41]。与传统的实验室测试方法相比，现场实测研究使用的是真实环境，采用传感器技术作为一种相对非侵入式设备来监测人员的位移和用能情况，可以实现较低成本地获取人行为真实数据。与问卷调查方法相比,现场实测不依赖于人员的主观回忆及其对调研测试的频繁回应。因此,在人行为建模研究中采集数据时,现场实测更贴近现实情况[42],被认为是用于人行为建模的最可靠的数据采集方法。良好的现场实测设计和开展可以有效降低霍桑效应[43],即被研究者意识到自己正在被关注或观察的时候,会刻意改变其行为或表达的现象。同时,现场实测基于传感器进行数据采集,可以持续获取数月或数年等相对较长期的时间样本,可以为人行为研究提供长期连续的数据积累。

现场实测方法也存在着一些不足。现场实测方法的核心是采用传感器对住户的位移和行为进行监测,一般最常使用和经济的方法是基于建筑自动化系统(BAS)的内置传感器进行数据监测,这种方法可以减少维护成本,实现大规模数据的长期储存,及时发现故障或意外读数,同时减少对受试者的打扰和影响。当 BAS 系统现有传感器能力不足以满足所需的监测范围时,需要增加额外的传感器并将其集成到 BAS 系统中,实现可靠的数据采集和储存。该方法可以尽可能地降低对受试者的影响,但由于现有传感器元件和通信技术的限制,现有 BAS 系统通常难以扩展。虽然现有 BAS 内置传感器可以为收集数据提供一个成本较低的方法,但增加、维护和拆除额外的传感器和相关的基础设施所需的人力物力是昂贵且难以实现的[45]。另外一种现场实测的数据采集方法是采用人工方式到受试者所在空间进行传感器的部署、检查和回收,这种方法需要耗费大量人力,特别是对于大样本量和涉及多个建筑的研究,而且传感器的布置受到位置、成本、隐私和美学等因素限制。同时,在现场测试中研究人员接触到现场监测传感器和其他设备的机会较少,调整或更换监测传感器会影响到受试者,尤其是频繁的访问可能会改变受试者的行为,这会降低测量的准确性并引入误差[44,45]。

现场实测方法主要包含四个环节:

(1) 调研及实验设计;

(2) 招募受试者及安装设备;

(3) 数据分析;

(4) 数据采集与回收。

与其他数据采集方法相比,现场实测方法的样本量往往受限于受试建筑中愿意参与的人数。研究者在获得受试者的知情同意之前,不能进入他们的空间(如私人办公室或住宅)。因此,该方法需要多次进行实地访问,以评估空间、安装传感器,并采访受试者等。伦理、参与者的招募和知情同意也是这种方法的基本挑战[326]。

总体而言,综合考虑现场测试的传感器及其他设备成本和受试者招募等因素,一般现场实测的规模较小,样本量限制在几十个人。随着新型传感器和信息传递技术的发展,可以预期未来将极大地拓宽可以被监测的人行为类型及数量。

鉴于现行主要现场实测方法是针对小规模案例测试,本节将对此类测试展开分析,并给出一个典型案例的仪器选择和布置方法。对于住宅类建筑,测试对象主要针对有固定住户且常住住宅的主卧、客厅以及常用的次卧、书房等房间;而对于办公类建筑,则主要针对中小型办公建筑有固定办公人员且并非完全自动控制的单人和多人办公室进行测试。因此,对于住宅和办公建筑的案例测试方法虽然略有不同,但鉴于照明、空调、窗户等都是靠室内人员自行控制，所以测试方法有一定的共通之处。测试仪器主要选取能够每隔一定的时间自动记录数据的自记仪器，针对人员移动、空调、供暖、照明、开窗等行为进行测试。住宅中的一个房间或办公楼的一间单人办公室所需的仪器及布置方法见表 2-2。

单个案例房间使用仪器列表

表 2-2

测试项目	测试仪器
人员移动	红外线人员感应仪×1～2 个/房间（或 CO_2 自记仪×1 个/房间，通过其监测的 CO_2 浓度结果间接判断；办公室可采用摄像头×1 个/房间）
空调使用行为	功率自记仪×1 个/空调设备（或单温自记仪×1 个/空调出风口） 温湿度自记仪×1 个/房间＋（1 个室外视情况而定）
采暖使用行为	功率自记仪×1 个/采暖设备（或单温自记仪×1 个/空调出风口或散热器表面） 温湿度自记仪×1 个/房间＋（1 个室外视情况而定）
照明使用行为	功率自记仪×1 个/照明设备（或单温自记仪×1 个/灯罩表面，通过其监测的灯具表面温度结果间接判断） 照度自记仪×1 个/房间
开窗行为	磁开关记录仪×1 个/可开启窗 CO_2 浓度自记仪×1 个/房间 温湿度自记仪×1 个/房间＋（1 个室外视情况而定）（注：可与"空调/供暖使用行为"中室外温湿度自记仪共用）

如表 2-2 所示，实际测试中若案例房间不能够满足某些仪器的安装条件，则可采用替代方案以间接分析的方法获得结果。例如对于集中空调系统，难以安装单独的功率计测试某个房间的空调实时功率，可采用单温自记仪放在空调出风口，通过温度的急速变化判断空调是否开启；采用散热器进行供暖的系统也可通过单温自记仪探头贴在散热器表面以进行判断；若照明设备为吸顶灯、吊灯等装饰性灯具的情况，难以安装功率计以测试照明功率，且无单独的照明电路时，可采用单温自记仪探头贴在灯罩表面，通过温度的急速变化判断灯具的开启情况；若红外线人员感应仪等仪器不足，或对于静止的室内人员探测出现问题时，可通过 CO_2 浓度数据间接判断室内人员情况，而对于有条件的办公室案例，可通过门口布置摄像头进行监控。

测试中所使用的仪器均带有自动记录功能。红外线人员感应仪记录的是状态变化的瞬间时刻，功率计默认记录步长为 1min，其他仪器均设置为 10min 记录步长。案例测试的总时间视情况而定，一般为一个月到一年，期间保证每三个月左右一次的数据读取。

2.4 大数据获取

案例实测与问卷调研是 2006 年以来获取建筑用能行为的主要方法。案例实测的方法主要是在建筑内安装仪器，记录人的行为动作与建筑室内环境参数，案例实测的优点是仪器记录数据客观准确，但是费用较高，所以往往实测案例数量有限；问卷调研的方法主要是通过让用户回答专门设计的问卷来获取人行为，问卷调研的优点是调查时间短且成本低，可以进行大样本的调查。目前国内外学者也通过大量实测案例与问卷调研，累积获取了不同地区的建筑人行为数据，但是依旧不能满足获取全面真实的人行为的需求。一方面，实测的案例有限，单个城市案例量最多为100个，且大部分实测案例研究都只针对单个地区；并且部分案例测试，如室内温湿度测试识别调查法、空调器室内机送风温度测试调查法等是侵入式的测试方法，即需要进入住户家中安装设备仪器进行测试记录，由于霍桑效应，侵入式的测试方法获取的用户行为与未侵入前实际用户的使用行为是存在差异的[27]；另一方面，问卷调研的方式虽然可以进行大规模调研获取人行为数据，最高可达单个城市上千份问卷，但是问卷调研时间短，往往反映的是用户主观的人行为，实际人行为与问卷调研结果存在巨大差异。

由此可见，传统的案例测试与问卷调研无法满足获取全面真实建筑人行为的需求。为了获取全面真实的建筑人行为，则需要客观准确的非侵入式数据获取方式。随着智能家居、数据传输以及存储技术的发展，大数据采集方式为获取建筑人行为数据提供了新契机。以空调行为为例（表2-3），2018年起徐振坤等人[327]利用房间空调器中固有的传感器记录空调不同运行状态的运行时长，远程获取了长江流域8.9万个房间空调器的数据，并初步进行了不同空调人行为时长数据的统计分析；田雅颂等人[46]在北京市及广东省获取了14.5万个房间空调器的运行数据，进行了空调设定温度的统计分析；刘猛等[47]人基于房间空调器的运行大数据针对具体城市，如武汉、重庆、上海等的夏季空调温度设定、空调作息进行了统计与聚类计算的深入分析研究；Lu Yan等人[48]利用武汉地区的空调供暖行为数据对具体的问题，如新冠肺炎疫情前后用户行为的变化进行了深入的对比分析。总体而言，采用大数据采集方法的样本量通常为几百到几万个之间，远远超过案例测试的数据量，可以达到与问卷调研接近的样本量。

住宅空调行为获取方法应用现状　　　　　　　　　　　　　　　　表 2-3

采用的调查方法	文献	出版年份	地区	调查样本数（户或台）
案例测试	李兆坚[8]	2007年	北京	1栋楼
	简毅文[328]	2013年	北京	6
	李兆坚[329]	2013年	武汉	560
	Xiaoxin Ren[32]	2014年	北京、上海、南京、南昌、武汉、合肥、成都、广州	34
	洪霄伟[330]	2014年	广州	8
	李兆坚[331]	2014年	福州	107
	李兆坚[332]	2014年	北京	69
	程烜[333]	2015年	上海	1
	简毅文[334]	2015年	北京	33
	周浩[335]	2016年	天津	7
	刘斌[336]	2016年	北京	5
	唐峰[337]	2016年	杭州	3
	周翔[338]	2016年	上海	2
	阮方[339]	2017年	夏热冬冷地区	6

续表

采用的调查方法	文献	出版年份	地区	调查样本数（户或台）
案例测试	Jianghong Wu[340]	2017 年	北京、青岛、武汉、上海、杭州、成都、广州	400
	Yangrui Song[341]	2017 年	天津	43
	宋阳瑞[342]	2018 年	天津	41
	简毅文[343]	2019 年	北京	1
	李念平[344]	2020 年	长沙	8
	杜晨秋[345]	2020 年	重庆	10
问卷调研	伍星[346]	2008 年	哈尔滨、北京、南京、上海、重庆、长沙、广州	242
	万旭东[347]	2008 年	北京	180
	简毅文[348]	2011 年	北京	90
	郑立星[349]	2012 年	南宁	268
	汪雨清[350]	2015 年	上海	400
	丰晓航[351]	2016 年	成都	1426
	W. Victoria Lee[352]	2017 年	纽约	706
	Zhonghua Gou[353]	2017 年	香港	402
	Longquan Diao[354]	2017 年	纽约	738
	Shuqin Chen[355]	2017 年	浙江	425
	阮方[356]	2017 年	杭州	422
	司马蕾[357]	2019 年	上海	113
	卢玫珺[358]	2020 年	成都	324
	卢玫珺[359]	2020 年	郑州	473
大数据监测	徐振坤[327]	2018 年	长江流域	89000
	蔡三[360]	2018 年	上海	899
	谭晶月[361]	2018 年	重庆	1678
	田雅颂[46]	2019 年	北京市、广东省	145000
	刘猛[47]	2019 年	重庆、武汉、上海	1545
	张紫薇[362]	2020 年	重庆	1990
	Lu Yan[363]	2020 年	重庆	1325
	Lu Yan[364]	2020 年	重庆	1287
	刘猛[365]	2020 年	重庆	575
	Lu Yan[48]	2021 年	武汉	378

综上所述，传统的案例实测与问卷调研都无法满足科学全面获取实际建筑人行为的需求，当前利用房间空调器、电网数据、互联网数据等大数据监测技术获取建筑人行为的方法已经逐渐可行，并且研究者们在对数据进行统计分析的基础上，开始尝试将聚类分析、对比分析等大数据分析方法应用于具体的人行为问题分析之中。

第 3 章 位移模型构建与检验方法

3.1 建筑中的人员位移模型

在设计阶段，位移模型可用于 HVAC 选型、流线设计等，而在运营阶段，其可用于 HVAC/照明/电梯运行、人群管理等，如图 3-1 所示。

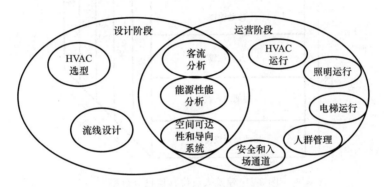

图 3-1 建筑中人员行为建模的应用

在位移建模过程中，可以从不同的角度将模型划分为多个维度。例如，位移模型可以预测房间是否被使用、房间内的人数、人员位置以及移动轨迹。它还可以预测不同空间的人员状况，比如整个建筑、楼层、区域、房间等，也可以预测不同时间内的人员状况，比如年、月、日、小时等，如图 3-2 所示。

在下面的内容中，将详细解释每一项应用。

3.1.1 建筑能耗模拟分析

人员作息是建筑能耗模拟分析的基本输入数据。建筑物能耗的不确定性主要来源于三个方面：（1）室内物理环境的灵活控制；（2）家用或办公电器使用的多样性；（3）耗能但不规律的操作[49-51]，这些使用或操作均与人员在室情况密切相关。例如，办公室中的人员行为（如开关灯、开关窗帘，有时还有开关空调和开关窗户等），都与人员工作作息高度相关[52]。因此，人员移动会很大程度影响室内环境，特别是室内安装了人员传感系统时[53,54]。对于一些使用先进算法来改善能源效率的智能建筑，不仅要对人员移动进行监测，还要进行预测。例如零能耗住宅，该项目包括可再生能源发电、需求响应、负荷预测和智能家电控制等多方面任务[55]，这些任务都需要实现一个相同的目标，即不仅在当前而且在未来都能够保持人员的舒适性。因此，准确的人员移动预测对于提高未来智能建筑的能源性能具有重要作用。在建筑能耗模拟分析中，位移模型的主要目标是获取人员在室的随机性、不同空间中的人员数量以及确定与能源相关的活动。人员移动数据需要反映出几个特征。首先，月度或年度分析优先考虑长期高分辨率信息。监测数据应涵盖数年或数月的小时数据点[23,56,57]。其次，数据可以是高度随机的，或是高度可预测的[58-61]。第三，数据应包含建筑区域层面的人员在室率和居住人数[23,24,56,62]。

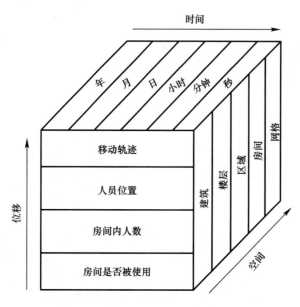

图 3-2　建筑人员位移信息分辨率

3.1.2　建筑工程设计

1. 流线设计

位移模型对建筑的流线设计分析具有重要意义。此类位移模型需要精确地模拟建筑物中的人员移动轨迹。在设计的初始阶段，根据每日的人员生活模式模拟每日移动轨迹后，可以更清楚地了解建筑物的服务状况。例如，通过导向分析，Koutamanis 等人[63]根据基本规范标准（拓扑和几何）在建筑物中搜索行进路线。Lee 等人[64]提出了一种使用建筑信息建模的室内步行能力指数方法。在另一项研究中，通过收集居住人员需求和模拟人员移动，业主和设计师可以更好地沟通具体的设计要求[65]。位移模型还可以指导整个建筑走廊的设计[66,67]。一般来说，走廊流线设计有两种常用的方法：一种是通过设计师和业主沟通，根据人员活动和功能需求预测流线使用[65]；另一种是使用 M/G/C/C 队列模型模拟人员流动（人员到达间隔时间服从泊松分布，服务时间服从一般概率分布，服务台数目和人员最大数目为 C 个），在该模型中，空间的拥挤程度可以通过走廊中的总人数和每天的平均步行时间等参数进行量化[66]。此外，大多数研究假设人员的在室服从泊松分布，因此队列网络可用于分析拥挤的发生[67]。在 M/G/C/C 队列模型中，以客流量和疏散时间为目标函数，可以优化走廊数量和几何参数，生成流线[68]。为了提高模拟精度，需要考虑人员之间的相互作用，包括反应过程[69]以及个人与社会的交互行为[70]。最近，为了指导更准确的设计和疏散管理，模型中引入了个人和社会行为以及人群动态分析[70]。垂直和水平的人员移动模式也用于评估建筑建成后的流线设计[71,72]。流线设计时也可考虑随机过程。Li 等人[73]提出了一种新方法，该方法通过相型分布反馈模型来描述随机和基于状态的到达间隔以及服务时间。用于流线设计的位移模型需要生成秒级的数据，位置节点数通常与分区和走廊的总数相关，模型的精确度相对较高，通常为 81.9%~98.8%[74]。

2. 空调设备选型

过去几年，由于信息技术的蓬勃发展和居住人员的更高要求，建筑设计的复杂性大大增加[75]，同时给建筑和暖通空调设计带来了很多挑战[75-79]。针对人员移动等一些未知或不确定因素，通过增加安全系数来扩大 HVAC 系统的规模是一种常见的做法，但需要合理考虑使用情景的不确定性、平衡 HVAC 系统的制冷机寿命周期成本以及室内热舒适[80]。常用的选型设计方法仅通过选择适当的设计日和安全系数考虑峰值需求的不确定性[81]。随着模拟软件工具的发展[76,79,82]，HVAC 选型变得更加精确。对 HVAC 系统使用的不确定性进行深入分析可以避免 HVAC 选型过大的问题[81]。例如，Lee 和 Schiavon[83]在系统设计过程中考虑了服装隔热，而人员由于服装不同会产生不同的温度设定偏好，进而影响 HVAC 系统的设计。O'Brien 等人[84]开发了一个数据驱动的随机办公用户用电模型，并将其应用于 HVAC 系统的正确选型。Khayatian 等人[85]通过概率和可能性的混合方法确定峰值冷负荷的大小。Sun 等人[81]提出了一个考虑居住人员行为的不确定性和敏感性的分析框架，以避免 HVAC 系统选型过大。此外，长期（一年以上）的室内人员状况、空调运行时间、设定值和室内负荷的历史监测数据也经常用于 HVAC 系统设计[86]。总而言之，人员移动及空调使用行为带来的不确定性是影响空调设备选型的重要因素。根据逐时位移模型得到的 HVAC 能耗数据与实际测量数据相比，误差为 3.9%~9.5%[75]。

3.1.3　建筑智能运行

1. 空调系统运行

供暖和制冷消耗约占住宅建筑总能耗的 40%，绝大多数新建住宅使用了 HVAC 系统[87]。根据"能源之星"和美国能源部的数据，制热时将空调调低 1℃可节省约 2%的能耗，而在制冷时将空调调高 1℃也可节省约 2%的能耗[88]。对于住宅和商业建筑，设计师通常认为室内人员会按照自己的行为习惯，通过某种方式节约能源[89]。然而，个人采取的随机节能行为既可能导致正面溢出（即一种有利于环境的行为增加了实施其他有利于环境的行为的可能性），又可能导致负面溢出（即一种有利于环境的行为会降低实施其他有利于环境的行为的可能性）[90]。因此，有学者认为空调的手动控制通常会消耗更多的能源，并进而推动使用结合学习算法的编程空调，如模糊逻辑[91-94]、人工神经网络[93,95-97]，或混合神经模糊系统[93,97,98]。根据 ASHRAE（2017）[99]定义的舒适性标准，这些控制器抵消了人员的干预，并提供了令人满意的环境。因此，维持热环境的 HVAC 操作应基于一个与人员行为解耦的人员在室模型进行开发[23]。自 2010 年以来，已经开展了数十项关于人员在室建模和基于在室状态的 HVAC 控制的研究[100,101]。所有这些项目几乎都旨在开发一个精确的人员在室模型，以实现精确的 HVAC 控制，并展示某个空间、某个楼层或某栋建筑的节能效果，并且评估其热舒适性、气流组织以及不同人群对室内空气质量的感知差异。由于人员对室内环境的需求取决于他们所在的位置，HVAC系统必须根据房间人员状况重置其开启时间点，以便及时"打开"空调。同样，为了节约能源，空调的最佳"关闭"点应在使用期结束之前进行。这些最佳的"开"和"关"点在人员到达和离开前的几分钟到几个小时不等。正如Li等人[102]的报告指出，从空调开启到房间温湿度调节至舒适状态的时间长短对于人员关于空调系统的可接受度的评价至关重要，也对基于人员移动的HVAC控制至关重要。HVAC运行的位移模型开发通常是基于从单个办公室或单个热区收集的数据[103,104]。数据的持续时间通常为几天到几周，间隔时长很精确，例如每5min一次[57,58,105]。因此，在如此短的时间内，通常可以观察到高度随机和不规律的模式[106-109]。此外，此类现场数据通常用作真实数据，可通过摄像机、PIR传感器或其他居住相关测量进行交叉验证[110,111]。

2. 照明系统运行

照明系统控制有两种方法：一种是人员对照度水平做出反应，通过人工控制照明设备的开启关闭[45]；另一种是基于人员位移进行自动控制[19,54]。对于人工控制，人员控制行为通常在第一次到达和最后一次离开时做出[22]。由于控制执行周期很短，照明运行和人员位移的建模可以结合在一起，而不是作为单独的变量处理。人工照明系统的一个不足之处是，除非有人将其关闭，不然灯将永远亮着，因此耗电量可能会变得很大[112]。这可能是基于人员位移的照明系统越来越流行的原因[54]。在这种情况下，系统检测到人员是否在室，以决定照明设备是打开还是关闭[19,113]。首次到达、最后离开和中途离开的随机模型通常用于反映人员在室的随机模式[19,22,54,59]。为了精确开发照明运行模型，通常使用位移传感器或照明开关记录从办公空间收集位移数据[22,113]。因此，位移数据包含一定程度的随机性，但仍然可以预测。随机性通常是由办公室员工个人工作日程的多样性造成的[22,114]。然而，由于办公人员的工作职责与工作类型的限制，每个员工的长期日程安排会更具规律性[52]。

3. 电梯系统运行

当人们考虑建筑物内部的交通系统时，电梯是将人员分配到指定楼层的主要方式。随着建筑高度的增加，电梯变得越来越重要，有时甚至成为跨多个楼层垂直位移的唯一方式[115]。住户目标楼层的不同、建筑物内的住户数量和垂直位移方向都会影响电梯和楼梯之间的选择[116]。人员总数与电梯总数之间的对比也可能改变电梯或楼梯的选择[116]。因此，在电梯的设计和运行过程中，需要引入位移模型来优化电梯控制。该模型的目的是预测不同楼层的人员分布。分层位移模型将传统马尔可夫模型分为三个层次，提高了预测精度[117]。该模型还集成了预定义的时间作息表。在电梯群控过程中，应用模糊神经网络对特定电梯的等待时间分布进行预测，从而针对不同的应用情况优化运行，如建筑物交通设计和提高服务效率等[115]。Inamoto等人提出了一个指导方针，以在电梯运行问题中架起理论和实践方法的桥梁。结合位移模型，还可以模拟电梯的疏散时间，并得出电梯的运行模式[118]。通过引入位移模型，可以使电梯运行变得更加安全可靠。Liu等人[119]还考虑了电梯客流量所带来的能源消耗，他们采用由一种带有超级电容器的双向DC/DC变换器组成的储能系统来节约电梯系统的能量。总而言之，位移模型需要时间步长为几秒钟到几分钟的电梯运行数据。模型之间的差异通常为 10%～35.3%[115,116]。

3.1.4　建筑客流量与人群设计管理

1. 客流分析

随着建筑体积的增加，空间需要精确设计，以使空间利用更高效、更安全。因此，客流预测变得越来越重要[120]。为了确保公众的安全，提高建筑空间的使用效率，客流分析越来越受到重视，而人员位移分析是必不可少的。例如，优化客流控制应用于通勤地铁线路[121]。一方面，通过添加动态位移模型，客流分析的结果可以更精确[122]。另一方面，准确考虑位移模型有助于公共建筑的空间功能设计。之前的客流研究表明，把步行时间作为指标和优化目标可以量化空间效率[123]。这种移动与个人活动有关。有人通过优化人员移动来辅助建筑设计，包括功能区设置和流线设计，比如走廊的几何设计[120]。Mambo 等人[124]以客流量为中心，指导机场航站楼的设计。笔者设计了一种基于模糊规则的监测控制器，以降低能耗和环境设定值，并且可以根据客流量进行调整。此外，有人采用组合加权法，结合 Holt-Winter 季节模型、ARMA 和线性回归模型对客流量进行预测[119]。

此外，针对不同的目标和场合，需提出不同的模型。对于地铁或地铁站的流量分析，可以将位移的影响因素分为环境因素、个人意愿因素和交互因素[125]。在公共建筑中，根据人员的目标是否明确，可以对人员的行为进行划分。非目标导向行为意味着人员没有明确的移动动机，这可能会使人员模拟产生更多的随机性。通常，可选择不同的模型来分析问题。例如，对于预移动的模拟，GridFlow 模型[126]考虑了预移动的时间和人与人之间的作用力。该模型使用网格网络表示人员，用坐标表示步行时间、人员位移和障碍物规避，这样可以简化模型。在大型商业建筑中，客流也有助于降低能耗。Mambo 等人[124]根据客流提出了一种控制器，以得出优化的空调设定点温度、人员新风量和照明时间。为服务于这个目的，位移模型需要能够模拟数小时到数天的时间，时间分辨率从几秒到几分钟不等。

2. 人群管理

Martella 等人[127]研究了大量人群管理实践，结果表明，活动规划和监测可能非常复杂，因此应在这一领域使用更多的技术。在人群模拟领域，需要对公共场所的人群进行监测[128]，有许多先前的模型能够有效指导模拟，包括元胞自动机模型、晶格气体模型和社会力模型。在这些模型中，社会力模型已被先前的研究证明更准确。同时，它还包括生理和心理层面，并引入了个人和集体的位移[129]。此外，在人群中，由于人员之间的距离越来越近，集体对个体的影响不容忽视。要建立这样的模型，需要考虑许多因素，包括反应时间和疏散方向[130]、群体思维心理学[131]、人群中的人际力量[132]，等等。在诸如游行活动这样的客源密度很高的特殊活动期间，出于安全原因，人群管理非常重要[133]。在人群管理分析中，可以使用大规模社交媒体数据为城市规模研究提供指导[134]。开发人群管理的位移模型可以预测不安全事件的发生[134]。有人提出网络优化模型用于设计人群流动和疏散管理[135][174]。Chow 和 Ng[136][175]以一个机场航站楼为例，提出了两种模型（buildingEXODUS 和 SIMULEX）重点研究人群疏散期间的等待时间指数。总之，在空间分辨率方面，人群位移模型需要平方米级别的数据点。时间分辨率在秒级以内。许多研究只模拟人群行为，没有用真实数据进行验证[132,133,136,137]。

3.2 随机性模型综述

3.2.1 固定作息表

目前使用的大多数建筑能耗模拟软件/工具，如 EnergyPlus、DOE-2 和 DeST[18]，都是基于物理原理，具体来说就是热力学定律。他们将在室状态作为一个静态变量引入，确切地说是用一个作息表来描述房间何时被使用以及有多少人。到目前为止，预先安排好的作息模式是行业中最常用的模式，尽管其可能导致高达 600% 的误差[20][21]。它们之所以流行，是因为大多数建筑模拟软件都使用这种模型[138]。该方法通常基于调查和观测数据，收集这些数据需要很长时间，并且不能准确反映实际的位移情况[138]。一个典型的例子是同时使用系数[139]，它从人员行为的随机性角度，定义了一类"平均"用户的照明、窗户、窗帘、空调和电器作息。然而已有的一项实测研究表明，平均作息与实际的运行情况相比差异为 46%[140]。

3.2.2 随机位移模型

1. 马尔可夫链

马尔可夫链是描述人员移动过程的主要随机建模方法，较常见的包括一阶马尔可夫链和隐式马尔可夫链。

一阶马尔可夫链（First-order Markov Chain，FMC）是位移研究中最流行的马尔可夫建模技术。它的关键假设是，$t+\Delta t$ 时刻系统状态的概率分布只与 t 时刻的状态有关，与 t 时刻以前的状态无关。为了准确估计 FMC 的转移概率，很多人已经探索了不同的算法[23,57,103,141]。Page 等人[23]应用反函数来估计位移模式的非齐次转移概率。Andersen 等人[57]使用广义线性模型来复原转移概率的数理逻辑。Erickson 等人[141]开发了一个狭缝函数，通过定义两个链态之间的最近距离，线性混合转移矩阵。Dobbs 和 Hency[103]引入贝叶斯推理来估计转移概率的分布。

对于 FMC，所有链态都是可观察的。而在隐式马尔可夫模型（Hidden Markov Model，HMM）中，位移状态是不可观察的（即，它们是隐藏状态），而可观察的是环境测量值，如空气温度、CO_2 浓度、声音强度、相对湿度等[107,111,142,143]。

注意，HMM 没有考虑环境观测值之间的相关性。通常，信息增益理论用于确定所选的建筑环境观测值之间的独立性[144]。

由于 HMM 是一个双嵌入的随机过程，需要学习两组参数：第一组包括隐藏状态的转移矩阵，类似的定义见式（3-1）；第二组具有发射概率，定义见式（3-2）。最常见的分析方法是正向和反向算法，这些算法已经应用于若干位移研究[111,142]。除此之外也可以使用自回归分析算法[107]。HMM 可以修改为半 HMM，就像在位移人数估计的研究中一样[49,145]。半 HMM 中的每个隐藏状态不能通过隐藏状态的转移矩阵本身转换到自身，而是使用持续时间分布[146]。持续时间分布控制隐藏状态的时间保持不变。

$$(p_k)_{i,j} = \begin{bmatrix} p_{00} & p_{01} & \cdots & p_{0n} \\ p_{10} & p_{11} & \cdots & p_{1n} \\ \vdots & \vdots & & \vdots \\ p_{n0} & p_{n1} & \cdots & p_{nn} \end{bmatrix} \tag{3-1}$$

$$p(o_k | h_1, h_2, \cdots h_k) = p(o_k | h_k) \tag{3-2}$$

2. 随机采样

在办公环境中，工作人员的工作作息通常取决于从到达到离开的工作时间。工作人员的在室可通过随机抽样过程生成。该方法通过分析收集的位移数据，从拟合的概率分布中反向采样关键信息，如工作小时数。

在位移模型中，首次到达时间、最后离开时间、中间离开时间和持续时间都可以使用式（3-3）进行反向采样[19,45]。然而，模拟位移的准确性在很大程度上取决于分析数据拟合分布的质量。在以前的研究中已经测试了几种拟合算法[59,147-149]。Wang 等人[147]利用最大似然算法拟合具有非齐次泊松过程的指数分布。Sun 等人[148]将 Kolmogorov-Smirnov 检验应用于拟合的二项分布。Silva 和 Ghisi[61]在另一项研究中对不同类型的分布进行拉丁超立方体抽样，以模拟住宅位移的随机性。Tabak 和 de Vries[59]采用创新的曲线拟合办公室的中途位移。Gilani 和 O'Brien[149]使用 Anderson-Darling 测试来调整高斯混合模型的关键参数，以适应工作日的作息模式。

$$t = F_T^{-1}(u_t) \tag{3-3}$$

3. Agent-based 模型

Agent-based 模型是一类常用于位移行为模拟的计算模型。它通常不能单独用一种数学方法来描述，而要将学习和模拟算法结合起来。该模型的关键是如何描述主体及其相互作用。考虑一个位移模拟的情况，可以将主体定义为占用建筑物 n 个区域的 m 个个体。在 Agent-based 模型中，第 i 个人员在 t 时刻的在室状态 $O_i(t)$ 是连接第 i 个人员到第 j 个区域的节点。位移主体通过节点使用人工智能（如信念、意图和偏好）与建筑区域交互，可以执行模拟用来估计每个区域中的人员数量。

Agent-based 模型已经应用于建筑设计和模拟中。Andrews 等人[150]使用 Agent-based 模型来展示建筑使用人员如何感知室内环境，并根据他们的偏好执行期望的动作。整个方法通过照明系统的设计来说明，并通过现场收集的反应进一步验证。Azar 和 Menassa[151]利用 Agent-based 模型建模，通过模拟办公室的 HVAC、照明和设备使用情况，来模拟人员行为及其能耗。Langevin 等人[152]使用了 Agent-based 感知控制理论模型，对风扇使用、热水器运行和窗户开启进行了模拟，并与一年的现场收集数据进行了比较。Agent-based 模型还可以通过定义人员在调整衣服和使用风扇方面的多样化热偏好来模拟人员在节能期间的行为[153]。Lee 和 Malkawi[83]进一步模拟了随着风扇、窗户、百叶窗和热水器的使用，人员调整衣物的情况。

一些研究探索了将 Agent-based 建模与其他常见的人行为建模技术相结合的可能性[105,107,108,154-156]。Liao 和 Barooah[105]开发了一个 Agent-based 模型,通过混合规则模型来模拟任意数量房间中的人员数量或在室状态,该模型建立在马尔可夫转移概率和随机抽样持续时间分布的基础上。Cook 等人[108]整合了几种成熟的 Agent-based 智能家居学习算法,包括马尔可夫模型。Tijani 等人[157]尝试将 Agent-based 马尔可夫模型与一个简单活动(开门)的纯马尔可夫链进行比较。一个研究小组开发并测试了一个 Agent-based 马尔可夫模拟器,用于模拟任意办公楼区域的人员数量和移动事件[154,155,158]。对于人群管理,也有研究采用 Agent-based 模型进行分析。Zarboutis 和 Marmaras[159]将其用于模拟隧道火灾情况下的地铁系统,并探索个人行为对整个疏散系统性能的影响。Pelechano 等人[160]提出了一种称为高密度自治人群模型的多主体模型来研究人群管理。

4. 基于群体的人员流动模型

在人群管理的研究中,人们提出了许多模型,从相对微观的角度分析人群特征和疏散效率。Helbing 和 Molnár[161]提出了一个社会力模型来研究像流体一样的行人运动,因为行人的流动和流体的流动非常相似。Helbing 针对行人的流体动力学模型的更多修改示例见文献[161~168]。Hughes[169]提出了另一个高密度人群流动模型。一些研究在各种情况下应用和修改了 Hughes 的模型[170-172]。元胞自动机模型也属于物理数学模型。每个行人被表示为一个节点,该节点占据离散空间区域中的一个单元。已有学者使用该模型进行了相关研究[131,173,174]。

3.3 预测性人员位移模型综述

本节将建筑中人员位移的预测研究与模拟研究作对比,以明确它们的定义范围。诸多学者围绕建筑中人员位移的模拟方法开展研究。Page[23]基于对历史时段人员在室情况的统计分析,得到各时段历史人员在室的概率,由此利用统计概率拟合,构建基于在室概率的人员在室随机模型。Wang[24]认为建筑中的人员位移具有马氏性,即当前时刻的人员位移情况,仅与上一时刻相关,由此构建基于马尔可夫转移矩阵的人员位移模拟模型,该模型既考虑了建筑中人员位移的时间相关性,又反映了人员在不同房间位置转移的概率。此外,Ahn[175]则利用随机行走(Random Walk)模型刻画建筑中的人员位移,研究认为人员位移情况可视作在前一个时间步长的基础上增加随机量。

对比建筑中人员位移预测和模拟研究(图 3-3),差异首先在于研究实现的方法:人员位移预测基于历史若干步长的数据作为模型的输入,得到未来时间步长的人员位移,而人员位移的模拟研究则通过对历史数据的统计分析,基于过去时段的人员位移概率情况,构建模型,能够实现全年逐时刻的人员位移模拟。

由于模型生成方法不同,对应的检验方法在整体思路上也具有差异。人员位移的预测研究更关注逐时间步长结果的准确性,而人员位移的模拟研究,由于是针对全年情况的模拟,因此通过多次模拟得到检验指标的分布,通过基于假设检验的随机模型检验方法[176],与历史实测值作参数假设检验,验证模型的有效性。

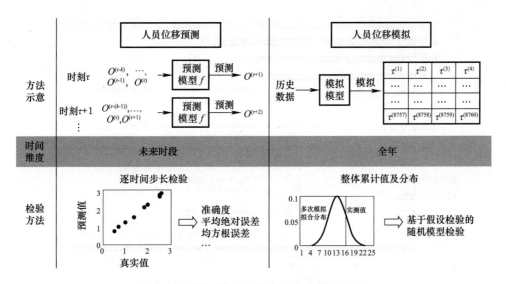

图 3-3　建筑中人员位移预测与模拟研究的对比

通过 Web of science 和 Scopus 检索（表 3-1），对所得文献整理筛选，最终筛选得到 84 篇文献，围绕未来时刻的人员位移预测算法开展研究。

图 3-4 所示为不同年份检索得到的文献的数量统计结果，人员位移情况的研究在近些年持续得到关注，人员位移的预测算法研究还有极大的发展空间。图 3-5 所示为关注未来时刻人员位移情况预测算法的文献来源的数量统计结果，其中建筑用能领域期刊占有较大比重。电气工程和算法工程领域同样持续关注建筑中人员位移的预测研究。

文献数据库检索式　　　　　　　　　　　　　　　　　　　　　　　表 3-1

数据库	检索式
Web of Science	TS=（（occupan* NEAR/5 predict*）AND building*）
Scopus	（occupan* W/5 predict*）AND building*

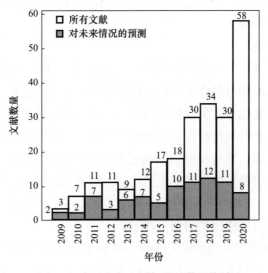

图 3-4　索引文献不同年份的数量统计

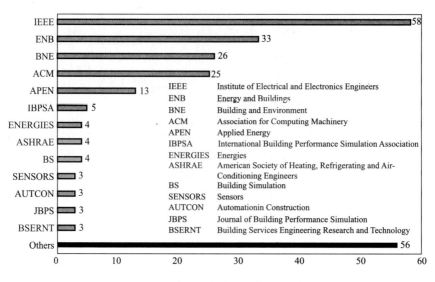

图 3-5　索引文献来源的数量统计

同时结合国内期刊文章及学术论文，本章将通过不同尺度规模下的人员位移预测研究的综述分析，总结目前研究待完善之处，结合综述结论，对建筑中人员位移情况的特征进行分析，旨在得出建筑中人员位移预测研究的关键点，进一步指导相关研究的开展。

3.3.1　不同尺度规模下的人员位移预测方法

建筑中人员位移预测研究可以根据不同的尺度规模划分，其对应的具体应用场景也具有差异（图 3-6）。

目前文献所涉及的空间尺度可以分为房间、区域/楼层，以及建筑三个层级；时间步长目前划分为 1min～1h、1～3h、3h 或者 1d；预测窗格指人员位移情况预测的未来时间长度，分为 15min～3h、3h～1d、1～3d。空间尺度、时间步长和预测窗格的不同组合形式，可对应不同的应用场景。从目前综述文章中归纳可包括供冷供暖控制、空调箱控制、停车方案建议、需求响应等。

1. 房间空调末端控制

Erickson[141]构建非齐次的马尔可夫模型来预测房间人数，该模型考虑不同房间之间的关联关系，所有房间的状态集合作为每一时间步长的建筑人员位移的状态量。由于考虑所有房间的状态，因此转移矩阵呈现稀疏特性，故研究提出采用最近距离算法和混合矩阵算法对模型进行改进，提升其鲁棒性和准确性。人数获取的时间步长为 1s，针对房间开展人数研究，利用不同房间人数对应时段的偏差和 JS 散度刻画人数差异，对预测得到的各房间人数进行检验。通过模拟验证基于人员位移预测空调末端系统控制算法的效果，年平均能耗有效降低 42.3%。该研究尚待完善的内容在于目前仅考虑了上一时刻人数以预测房间位移情况，有待补充对事件因素的细致考量。

Dobbs[177]同样围绕房间以及区域尺度的空调末端系统控制开展研究。人员位移的预测分为离线训练和在线更新两部分。采用马尔可夫模型，利用人员位移呈马氏性的特征，构

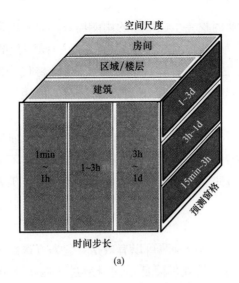

(a)

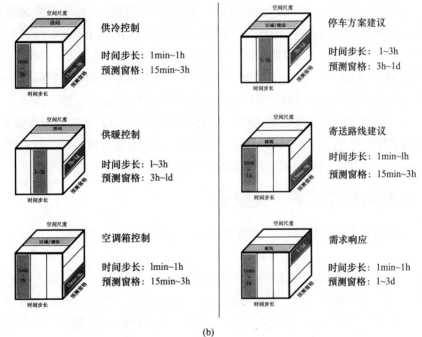

(b)

图 3-6　建筑中人员位移预测的尺度规模及其应用场景

（a）人员位移研究对应的空间尺度、时间步长和预测窗格（prediction window）；（b）不同尺度规模对应的应用场景

造人员在室的预测模型。该研究的时间步长和预测窗格均为 1h。利用均方根误差（Root Mean Squared Error，RMSE）评价预测模型的准确度，RMSE 值约为 0.162。经过研究，在保证室内环境舒适的前提下，与传统的空调作息控制相比，该研究节能率达到 19％。该研究同样围绕人员位移的上一个时间步长开展，需要尝试额外考虑事件因素对人员位移的影响。

2. 停车方案优化建议

对停车场车辆占有率的预测研究可以有效获得停车路线选择和优化方案，对提高交通效率、缓解交通阻塞、降低因找寻车位带来的用能提升，以及电动车智能蓄电优化均具有很好的指导作用。Atif[178]为此构建非齐次离散马尔可夫模型预测停车场车位占用以及空闲比例。模型输入考虑历史车辆的停泊占位数据，同时将代表时间周期性的数据（月、日、时）作为马尔可夫模型的输入，由此拟合计算转移概率矩阵。非齐次建模能够有效减少计算历史时段状态的差异与波动性。研究时间步长为 5min，围绕停车场区域开展研究，而预测窗格则取决于预测所得各辆汽车抵达停车场所用时长。研究未对预测结果本身进行检验分析，但利用"导引错误率"评估停车导引算法效果，与不集成预测算法的导引路线相比，错误率显著降低。该研究的不足在于未考虑气象或事件因素，同时需要加强对预测准确度的检验。

3. 寄送路线方案优化

对各住宅建筑的人员在室情况预测可以有效指导包裹寄送路线的方案优化，降低包裹"空送率"，避免二次投递造成的效率降低，同时通过预测优化路线，进一步降低运送能耗。Ohsugi[179]采用智能电表的数据开展研究，通过利用不同的机器学习算法将历史用电量作为输入，预测单户住宅的在室情况。该研究的时间步长为 15min，预测窗格为 5～30min。该研究采用了较多的机器算法进行效果的比较，包括 k 近邻（kNN）、支持向量机（SVM）、随机森林（RF）和多层感知器（MLP）。采用混淆矩阵对模型预测结果进行评价，正确率最高为 86%（预测窗格为 15min）。通过数据模拟验证，基于人员在室情况预测的路线优化，包裹成功送达率达到 98%，空送率降低 87.5%，运送路径降低 6%。该研究需要增强对物理特征的分析，同时考虑在预测算法中体现日类型差异，也需要对如人员在室情况这类离散事件数据的检验方法作深入讨论。

3.3.2　人员位移预测研究关键点

通过对现有研究内容总结分析，得到如下人员位移预测研究关键点：

1. 特征分析

对人员位移预测相关文献的算法输入作梳理（表 3-2），多数文献考虑上一步长或历史若干步长数据与预测数据的关联，对时序特征的分析尚不足。此外，预测人员位移时，对事件等影响因素的分析尚不足，因此特征分析是预测人员位移的关键，可在后续研究中进一步加强。

不同算法输入变量类型总结　　　　　　　　　　　　　　　　　表 3-2

历史数据	事件等关联信息	环境参数	文献编号
√			[73，104，106，109，146，154，177，178，180-208]
	√		[209-211]
		√	[142，212]
√	√		[213-228]
√		√	[229-231]
	√	√	[179，232-236]

2. 因素关联

对人员位移预测算法进行梳理，按照出版年份顺序如图 3-7 所示（缩写对应见表 3-3），人员位移预测算法可分为四类：基于统计算法模型、非监督式机器学习算法模型、监督式机器学习算法模型和混合模型。随着算法的发展，近几年利用监督式的机器学习算法开展人员位移预测的研究逐渐增多。如何基于人员位移的物理特征分析结论，指导模型的构建，在这一过程中体现房间、建筑类型以及日类型差异，并体现事件等多因素之间的关联，是后续研究的关键点之一。

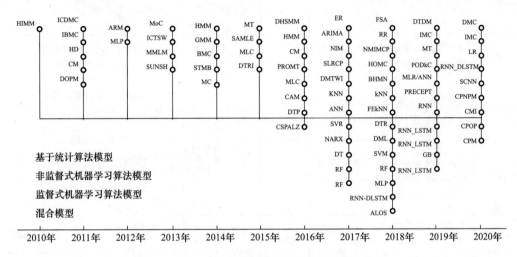

图 3-7 人员位移预测算法总结（以出版年份为序）

人员位移预测算法总结 表 3-3

英文缩写	预测算法	文献编号	英文缩写	预测算法	文献编号
ALOS	人员作息自学习算法（Automatic Learning of an Occupancy Schedule）	[191]	CSPALZ	基于 LZ 压缩算法的 Active Lezi 算法（Compression-based Sequential Prediction methods, based on the Active LeZi algorithm）	[198]
ARIMA	自回归差分移动平均模型（AutoRegressive Integrated Moving Average）	[154]	DMC	离散马尔可夫模型（Discrete Markov-Chain model）	[178]
BHMM	倒序隐式马尔可夫模型（Backward Hidden Markov Model）	[236]	DMTWI	动态马尔可夫时间窗口模型（Dynamic Markov Time-Window Inference approach）	[206]
CAM	基于时空关联信息的半马尔可夫模型（Context-Aware method based on the spatio-temporal analysis from (semi-) Markov model）	[213]	DT	决策树（Decision Tree）	[222]
CMI	基于聚类和主题识别预测算法（Clustering and Motif Identification-based approach）	[231]	DTP	基于模式的决策树（Decision Tree with Pattern）	[218]
CPNPM	非参数聚类概率模型（Clustering Probability based Non-Parametric Modelling）	[226]	DTRI	基于规则的决策树（Decision Tree with Rule Induction）	[225]

英文缩写	预测算法	文献编号	英文缩写	预测算法	文献编号
FEkNN	特征提取的 k 近邻（Feature Extracter based k-Nearest Neighbor (KNN)）	[194]	RF	随机森林（Random Forest）	[179, 200, 222]
GB	梯度提升算法（Gradient Boosting）	[235]	RNN-DLSTM	深层长短时记忆循环神经网络（Recurrent Neural Network with Deep Long Short-Term Memory units）	[196, 207]
HD	基于 Hamming 距离的预测模型（Hamming Distance based model）	[183]	RR	基于规则和作息的预测模型（Rule-based model with Routine）	[224]
HOMC	高阶马尔可夫模型（Higher Order Markov Chain occupancy model）	[192]	SCNN	基于序列及关联信息的神经网络（Sequential & Contextual Neural Network）	[228]
ICDMC	非齐次最近距离马尔可夫模型（Inhomogeneous Closest Distance Markov Chain model）	[180]	STMB	在线贝叶斯训练的自调节马尔可夫模型（Self-Tuning Markov occupancy model with on-line Bayesian training）	[177]
IMC	非齐次马尔可夫模型（Inhomogeneous Markov Chain model）	[197, 228]	SVM	支持向量机（Support Vector Machine）	[179]
LR	线性回归（Linear Regression model）	[228]	ANN	神经网络（Artificial Neural Network）	[154]
MLC	多标签分类（Multi-Label Classification）	[217, 223]	ARM	关联规则挖掘（Association Rule Mining）	[220]
MLR/ANN	线性回归与神经网络集成算法（Model based on combination of Linear Regression and Artificial Neural Networks）	[214]	BMC	混合窗格马尔可夫模型（Blended Markov Chain model）	[184]
MoC	基于蒙特卡洛过程模型（Monte Carlo based model）	[181]	CM	基于聚类的预测模型（Clustering based Model）	[205, 215]
NARX	具有外界输入非线性自回归的神经网络（Nonlinear AutoRegressive with eXternal input Neural Network）	[219]	CPM	关联信息概率模型（Contextual Probabilistic Model）	[227]
NMIMCP	新型基于拐点分析的非齐次移动窗口马尔可夫模型（New Moving-window Inhomogeneous Markov model based on Change Point analysis）	[190]	CPOP	基于聚类概率人员位移预测模型（Clustering based Probabilistic Occupancy Prediction model）	[208]
PRECEPT	具有 GRU 单元的循环神经网络（A variant of Recurrent Neural Network known as Gated Recurrent Unit (GRU) Network）	[209]	DHSMM	动态隐式半马尔可夫模型（Dynamic Hidden Semi-Markov Model）	[212]

续表

英文缩写	预测算法	文献编号	英文缩写	预测算法	文献编号
DML	分散机器学习算法（Distributed Machine Learning）	[146]	MLP	多层感知器（Multi-Layer Perceptron）	[179, 234]
DOPM	基于决策导引问讯语言框架的预测模型（Occupancy prediction model built by using Decision Guidance Query Language (DGQL) framework）	[233]	MMLM	多步长混合马尔可夫模型（Mixtures of Multi-Lag Markov chains）	[106]
DTDM	基于停留时间分布的数学模型（Dwell Time Distribution based Mathematic model）	[210]	MT	基于历史在室概率的阈值模型（Daily binary occupancy profiles based on aggregated past presence data）	[104, 201]
DTR	基于作息的决策树（Decision Tree-based model with Routine）	[224]	NIM	新型非齐次马尔可夫模型（New Inhomogeneous Markov model）	[73]
ER	基于事件的回归模型（Event-based Regression model）	[211]	PODkC	基于本征正交分解的 k-means 聚类预测模型（Proper Orthogonal Decomposition based k-means Clustering for occupancy prediction model）	[188]
FSA	有限状态自动机（A novel finite state automata）	[186]	PROMT	时移不可知分类的多步长预测模型（PRedicting Occupancy presence in Multiple resolution with Time-shift agnostic classification）	[199]
GMM	高斯混合模型（Gaussian Mixture Models）	[142]	RNN	循环神经网络（Recurrent Neural Network）	[216]
HMM	隐式马尔可夫模型（Hidden Markov Model）	[142, 229, 232]	RNN-LSTM	长短时记忆循环神经网络（Recurrent Neural Network with Long Short-Term Memory units）	[189, 195, 230]
IBMC	非齐次混合马尔可夫模型（Inhomogeneous Blended Markov Chain model）	[180]	SAMLE	基于极大似然估计的自适应预测模型（Self-Adaptive occupancy learning control algorithm based on Maximum Likelihood Estimation）	[185]
ICTSW	基于 SW 对准的内部空间过度算法（Inter-Cell Transition - Smith-Waterman (SW) alignment algorithm）	[109]	SLRCP	新型基于拐点的逻辑回归统计模型（novel Statistical model based on Logistic Regression model with Change-Points）	[202]
kNN	k 近邻（k-Nearest Neighbors）	[179, 193]	SUNSH	基于作息和历史数据集成的传感器程序网络算法（improved Sensor-Utility-Network (SUN) algorithm with incorporation of Scheduling and adaptive Historical data）	[221]
MC	马尔可夫模型（Markov Chain model）	[187]	SVR	支持向量回归（Support Vector Regression）	[154]

3. 时空延展

通过文献综述可知，不同空间尺度以及时间步长对应于不同的应用，目前多数研究局限于单一的空间尺度（图3-8），因此需要考虑建筑中不同空间尺度下人员位移预测结果的关联性，从而拓宽模型的适用范围，增强其稳定性。

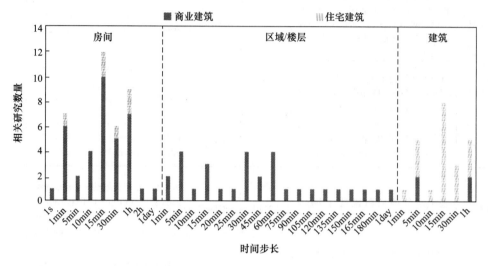

图 3-8　不同空间尺度和时间步长研究的数量统计

4. 检验指标

目前已有的人员位移预测算法的检验指标总结见表3-4，主要分为两类：（1）针对人员在室情况的混淆矩阵相关的检验；（2）针对人数情况的误差指标的检验。人员位移情况在时间分布方面具有一定的不平衡性（事件离散、分布特征具有时间段差异），因此如何针对此特征选取检验指标，确定模型检验方法，是后续研究的关键点之一。

人员位移预测的检验指标 表 3-4

检验指标	公式	文献编号
人员在室分布的 Jensen-Shannon 散度（JSD）	$$KL(P_1 \parallel P_2) = \sum_{x \in X} P_1(x) \log \frac{P_1(x)}{P_2(x)}$$ $$JS(P_1 \parallel P_2) = \frac{1}{2} KL\left(P_1 \parallel \frac{P_1+P_2}{2}\right) + \frac{1}{2} KL\left(P_2 \parallel \frac{P_1+P_2}{2}\right)$$	[180]
混淆矩阵及相关指标	$$CM = \begin{bmatrix} TP & FP \\ FN & TN \end{bmatrix}; \ PPV = \frac{TP}{TP+FP}$$ $$TPR = \frac{TP}{TP+FN}; \ ACC = \frac{TP+TN}{TP+TN+FP+FN}$$ $$inACC = 1 - ACC; \ F = \frac{(1+\beta^2) \cdot PPV \cdot TPR}{\beta^2 \cdot PPV + TPR}$$ $$LL = -\frac{1}{N} \sum_{i=1}^{N} (y_i \log(TPR) + (1-y_i) \log(1-TPR))$$ $$MMC = \frac{TP \times TN - FP \times FN}{\sqrt{(TP+FP)(TP+FN)(TN+FP)(TN+FN)}}$$	[73，106，179，182，183，190，191，199，201，203，205，212，217，223，225-227，232，234]

续表

检验指标	公式	文献编号
混淆矩阵及相关指标	CM——混淆矩阵； P——阳性；N——阴性； T——真；F——假； PPV——准确度；TPR——召回率； ACC——正确率；$inACC$——错误率； LL——对数损失；MCC——Matthews 相关系数	[73, 106, 179, 182, 183, 190, 191, 199, 201, 203, 205, 212, 217, 223, 225-227, 232, 234]
基于混淆矩阵的 ROC 曲线	—	[73, 106, 182, 183]
人数预测的正确率	$I[Y_i = \hat{Y}_i] = 1, if Y_i = \hat{Y}_i, \text{else } 0$ $$ACC = \frac{\sum_{i=1}^{N} I[Y_i = \hat{Y}_i]}{N}$$	[142, 186, 197, 198, 216, 220, 229]
x-人数容忍度的正确率	$I[\mid Y_i - \hat{Y}_i \mid, x] = 1, if \mid Y_i - \hat{Y}_i \mid \leqslant x, \text{else } 0$ $$ACC = \frac{\sum_{i=1}^{N} I[\mid Y_i - \hat{Y}_i \mid, x]}{N}$$	[206]
ME（平均误差）	$$ME = \frac{1}{N} \sum_{i=1}^{N} (Y_i - \hat{Y}_i)$$	[154]
$medE$（误差中位数）	$medE = \text{median} (Y_i - \hat{Y}_i)$	[218]
$MdAE$（绝对误差中位数）	$MdAE = \text{median} (\mid Y_i - \hat{Y}_i \mid)$	[207]
MAE（平均绝对误差）	$$MAE = \frac{1}{N} \sum_{i=1}^{N} \mid Y_i - \hat{Y}_i \mid$$	[189, 190, 202, 207, 209, 218, 224, 228]
标准化的 MAE	$Normalized MAE = \dfrac{MAE}{\overline{Y}}$	[224]
$MAPE$（平均绝对百分比误差）	$$MAPE = \frac{1}{N} \sum_{i=1}^{N} \left\mid \frac{Y_i - \hat{Y}_i}{Y_i} \right\mid$$	[146, 189, 221]
MSE（平均平方误差）	$$MSE = \frac{1}{N} \sum_{i=1}^{N} (Y_i - \hat{Y}_i)^2$$	[207, 209]
$MSLE$（平均对数平方误差）	$$MSLE = \frac{1}{N} \sum_{i=1}^{N} [\log (Y_i+1) - \log (\hat{Y}_i+1)]^2$$	[207]
$RMSE$（均方根误差）	$$RMSE = \sqrt{\frac{1}{N} \sum_{i=1}^{N} (\hat{Y}_i - Y_i)^2}$$	[146, 154, 177, 186, 189, 190, 195, 196, 207, 209, 211, 214, 218, 224, 228]
$CVRMSE$	$CVRMSE = \dfrac{RMSE}{\overline{Y}}$	[200, 208, 214, 224, 230]
基于正确率的 $CVRMSE$	$ACC = 100 \times (1 - CVRMSE)$	[214]

检验指标	公式	文献编号
平均 $NRMSE$（标准化均方根误差）	$$RMSE\_period_t = \sqrt{\frac{\sum\limits_{k=1}^{n}(\widehat{occ}_{jk}-occ_{jk})^2}{n}}$$ $$NRMSE\_period_t = \frac{RMSE\_period_t}{\max occ - \min occ}$$ $$AverageNRMSE\_zone_{ij} = \frac{\sum\limits_{t=1}^{tp}NRMSE\_period_t}{tp}$$ $$AverageNRMSE\_day_i = \frac{\sum\limits_{i=1}^{z}AverageNRMSE\_zone_{ij}}{z}$$ $$TotalAverageNRMSE = \frac{\sum\limits_{i=1}^{TestD}AverageNRMSE\_day_i}{TestD}$$ j——区域；k——时间步长；t——周期；n——总样本数；$\max occ$，$\min occ$——人数的最大、最小值；tp——时间周期段的总数；z——区域总数；$TestD$——训练集总天数	[213]
R 方值	$$R^2 = 1 - \frac{\sum\limits_{i=1}^{N}(\hat{Y}_i - Y_i)^2}{\sum\limits_{i=1}^{N}(\overline{Y} - Y_i)^2}$$	[197, 208, 210, 211, 214]

5. 更新方法

建筑中人员位移特征实际上会随时间发生变化[237]，和在室人员分布的不确定性以及建筑整体的功能布局等均有关联，如何在人员位移情况预测中考虑其特性的变化，建立相应的模型更新方法，增强模型的鲁棒性，也是研究的关键点之一。

3.4　人员移动随机模型

室内人员状况（即房间里什么时候有人、有多少人等）是建筑能耗模拟计算的基本输入参数，由人员引起的室内发热量也是影响建筑热环境和空调供暖负荷的基础要素之一。室内人员状况是由建筑中人员的移动过程所直接决定的。人是否在室内，是室内一切人员活动发生的先决条件。因此，为了准确模拟建筑热环境以及室内设备的运行调节行为，必须首先描述清楚人员移动和室内人员状况。

建筑物中的人员移动既具有一定的规律性，又具有明显的不确定性和随机性。以办公建筑为例，人员移动常常包括较为规律的上下班活动，同时，人员上下班时间往往不固定，其在建筑内各个房间之间的走动也表现出明显的随机性。正是由于人员移动的随机性，建筑室内人员状况随时间的变化和在空间上的分布，都体现出非常明显的随机性特点。而目前现有的模型在描述人员移动行为和室内人员状况时仍然存在很多不足，无法满足实际建筑能耗模拟计算的需要。

为此，本章将提出一套新的描述人员移动过程的数学模型，在该模型的基础上，建立室内人员状况的模拟计算方法。并结合实际案例，对上述模型方法进行了验证。

3.4.1　人员移动的数学模型

本节提出一种基于马尔可夫链（Markov Chain，以下简称马氏链）和事件的人员移动行为模型，用于描述人员在建筑中的移动过程，进而反映建筑中各个房间室内人员状况随时间的变化规律，其基本思想如图 3-9 所示。

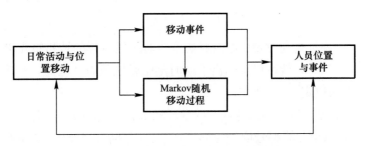

图 3-9　人员移动模型的基本思想

具体而言，模型包含以下几个要点：（1）以建筑房间作为最小位置单元，人员位置以房间编号进行标识，并视为随机变量；（2）基于个体的移动过程描述，个体位置变化视为随机过程，不同个体的移动过程相互独立；（3）以建筑内房间及外界为状态空间，采用马氏链表示人员移动随机过程；（4）为日常活动定义移动事件，各个移动事件通过修改马尔可夫转移矩阵来影响人员移动过程；（5）根据人员位置初始状态，进行马氏链的数值随机模拟，生成人员逐时位置状态；（6）根据人员逐时位置，统计各房间人员状况，生成室内人员作息，作为房间人员动作模拟和建筑能耗模拟工具的输入参数。

1. 基于马氏链的随机移动过程

用马氏链来描述人员个体的随机移动过程。

马氏链是一类得到广泛使用的离散随机过程模型[238]。其基本定义如下：设 $\{X_\tau\} = \{X_\tau, \tau = 0, 1, 2, \cdots\}$ 是一个随机序列，由随机变量 X_τ 所有可能取值组成的集合 S 被称为 $\{X_\tau\}$ 的状态空间。当 S 中只有有限个状态时，可将 S 中的状态进行编号，得到由整数构成的号码集合 $I = \{0, 1, 2, \cdots, n\}$。如果随机序列 $\{X_\tau\}$ 对于任意时刻 $\tau \geq 0$ 和任意状态 i_0，i_1，$\cdots$，$i_{\tau-1}$，i，$j \in I$，有

$$P\{X_{\tau+1} = j \mid X_\tau = i, X_{\tau-1} = i_{\tau-1}, \cdots, X_1 = i_1, X_0 = i_0\}$$
$$= P\{X_{\tau+1} = j \mid X_\tau = i\} = p_{ij}(\tau) \tag{3-4}$$

则称 $\{X_\tau\}$ 为马氏链。条件概率 $p_{ij}(\tau)$ 为马氏链 $\{X_\tau\}$ 在时刻 τ 的一步转移概率，简称为转移概率。其直观含义为系统在 τ 时刻处于状态 i 的条件下，经过一个时间步长后转移到状态 j 的概率。一般地，转移概率 $p_{ij}(\tau)$ 不仅与状态 i，j 有关，而且与时刻 τ 有关。

由转移概率 $p_{ij}(\tau)$ 所组成的矩阵

$$\boldsymbol{P}_\tau = (p_{ij})_{(n+1)\times(n+1)} = \begin{bmatrix} p_{00} & p_{01} & p_{02} & \cdots & p_{0n} \\ p_{10} & p_{11} & p_{12} & \cdots & p_{1n} \\ p_{20} & p_{21} & p_{22} & \cdots & p_{2n} \\ \vdots & \vdots & \vdots & \ddots & \vdots \\ p_{n0} & p_{n1} & p_{n2} & \cdots & p_{nn} \end{bmatrix} \tag{3-5}$$

为马氏链$\{X_\tau\}$的一步转移概率矩阵，简称为转移矩阵。

转移矩阵P具有如下性质：

（1）所有元素非负。

$$p_{ij} \geqslant 0, \forall i,j \in I \tag{3-6}$$

（2）任一行元素之和为1。

$$\sum_{j \in I} p_{ij} = 1, \forall i \in I \tag{3-7}$$

在任意时刻τ，根据当前时刻的系统状态及该时刻所对应的转移矩阵P_τ，通过蒙特卡洛法进行随机模拟[239,240]，就可以预测出下一时刻的系统状态。因此，马氏链的统计特性完全由转移矩阵P所决定。

人员的移动过程可以借助马氏链这一数学形式来表示。假设一个建筑物内部有n个房间（内部子空间），每个房间编号依次为$1,2,\cdots,n$，同时把外界（建筑物外部）当作一个特殊子空间，编号为0。这些子空间就构成一个具有$n+1$个节点的封闭拓扑网络（闭图），每个节点代表一个子空间，人员位置可用子空间节点编号进行标识。人员在建筑内外各个子空间之间移动，其位置状态可视为随机变量。如果人员的移动范围覆盖了所有子空间（也可以是其中一个子集），则其位置状态可能的全部取值为$\{0=\text{outside},1=\text{room1},2=\text{room2},\cdots,N=\text{roomN}\}$。人员在各个时刻的位置，就构成一个随机时间序列。用马氏链近似表示这个位置序列，即在任意时刻$\tau+1$，人员位置$X(\tau+1)$仅与上一时刻的位置$X(\tau)$有关。转移概率$p_{ij}(\tau)=P\{X_{\tau+1}=j|X_\tau=i\}$表示人员在时刻$\tau$处于位置$i$时，在时刻$\tau+1$处于位置$j$的概率，亦即人员在时刻$\tau$从子空间$i$出发，下一时刻移动到子空间$j$的概率，如图3-10所示。由全部转移概率$p_{ij}$组成的转移矩阵$P$仍用式（3-5）表示。

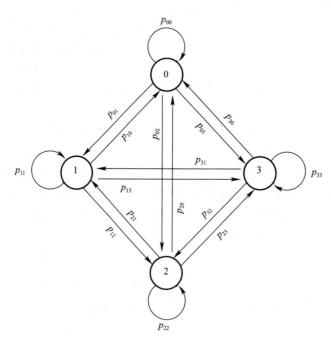

图3-10　人员位置的转移概率示意图

位置跳转的结果即代表移动是否发生。将相邻时刻的人员位置 $X(\tau+1)$ 与 $X(\tau)$ 进行比较，如果位置变化 $j\neq i$，表示 $k+1$ 时刻发生了移动，人员离开子空间 i、进入另一个子空间 j；如果位置保持不变 $j=i$，表示该时刻没有发生移动，人员仍然停留在子空间 i。用 $M_{i\rightarrow j}(k)$ 表示移动是否发生，则：

$$M_{i\rightarrow j}(k)=\begin{cases}0, & j=i\\1, & j\neq i\end{cases}, \forall\, X_{\tau+1}=j\,|\,X_\tau=i \tag{3-8}$$

这样，人员个体的移动行为及其位置移动过程就用马氏链完整地刻画出来了。如果已知人员在初始时刻的位置和各个时刻的转移矩阵 $\boldsymbol{P}$，通过马氏链模拟，就能得到任意长度的人员位置序列，并最终生成建筑内各个房间的室内人员作息。

采用马氏链的最大好处在于，它能刻画出人员位置和房间人数在时间上的自相关性，同时也保证了建筑内外各空间在人数上的互相关性（即总人数守恒），从而更为合理有效地反映出室内人员作息随机变化但又紧密关联的真实情况。

需要指出的是，在应用马氏链描述人员移动行为时，包含以下几条基本假设：（1）人员位置移动具有马氏性，满足马氏链的定义要求。这条假设已经得到一些研究文献[147,241]的初步支持，本书也会作进一步的检验。（2）忽略房间实际距离和人员移动速率的限制，任何位置移动都能在一个时间步长内结束。由于建筑本身的空间距离有限，在时间步长充分大的时候（例如 5min 或 10min），这一条件是近似满足的。（3）不同人员个体的移动过程是相互独立的，其移动行为完全取决于各自的转移矩阵。这样就能很容易地将单人移动的模拟方法和结果推广到多人的情况。

核心的问题在于如何确定人员移动的转移矩阵。主要面临两个方面的困难：首先是多区问题。建筑总是包含多个房间，人员的活动范围通常是一个多区网络，因此对应的转移矩阵是一个高阶矩阵。对于式（3-5）所示阶数为 $n+1$ 的转移矩阵 $\boldsymbol{P}$，其输入参数个数（即 $\boldsymbol{P}$ 的元素个数）为 $(n+1)^2$。正如文献所言，在多区情形下，逐一设置人员转移矩阵的各个元素是十分困难的。其次是时变问题。为了反映人员在建筑中日常生活和工作的作息变化规律（如上下班等），其转移矩阵 $\boldsymbol{P}$ 应该随时间而变化，即人员移动过程是一个非时齐的马氏链，否则，通过模拟看到的将是一个平稳随机过程，而不会出现特定时段上班与下班等现象。

那么，如何确定这样一类时变、高阶的转移矩阵，就成为应用马氏链描述和模拟人员移动过程的关键。目前已有的一些基于马氏链的模型并没有很好地解决这个问题，导致模型输入参数过多而失去实用性。因此，需要寻找更加简便可行的设置方法。

通过事件机制解决上述问题，基本思路是：（1）借用上下班、开会、随机走动等日常活动的概念，基于位置变化定义一系列与人员移动直接相关的移动事件。（2）人员移动过程由若干移动事件驱动，人员转移矩阵及其随时间的变化通过移动事件进行控制。事件依时间次序发生，分时段设置与更新转移矩阵的对应元素。（3）提炼各类移动事件的特征参数，建立它们与转移矩阵元素之间的相互转换关系，从而给出一种参数简洁而直观的模型形式。

2. 事件机制

人员的位置移动总是伴随或包含在一系列日常活动和事件之中，例如上班、下班、开会、起床、睡觉等，都会引起人员位置的变化。因此，人员移动与日常活动有密切关系。实际上在固定人员作息的设置方法中，就已经考虑到上下班等日常活动对人员作息的影响。引入移动事件的概念，就是反映这些日常活动在人员移动过程中的作用，并主要对以下几类移动现象进行描述：

（1）与时间显著相关的移动，如办公楼中的上下班、午餐、工作时段的随机走动等；

（2）有特定方向的移动，如办公楼中的上下班、午餐、开会等；

（3）群体性的同步移动，如办公楼中的开会、住宅中的晚餐等；

（4）有特定发生频次的移动，如住宅中的洗漱、做饭等。

本节所谓移动事件，是指在特定时间段发生、有着特定位置变化的移动现象。移动事件与日常活动是相互关联的：移动事件根据日常活动进行定义，总对应于某项日常活动，以办公建筑为例，与日常上下班活动相对应，分别定义上班、下班两个移动事件。移动事件具有日常活动的一般特点，区别在于移动事件只考虑日常活动所伴随的移动效应、考察它们所关联的人员位置变化。如果某个移动事件发生，则意味着人员位置发生了相应变化；反之，如果人员位置发生了变化，则意味着某个移动事件的发生。也就是，人员的位置变化等价于移动事件的发生。从这个角度讲，移动事件是基于人员位置的变化定义的。与实际人员作息中包含多个日常活动类似，一个完整的人员移动过程需要由一系列移动事件进行刻画。在不同的时段发生不同的事件，从而对人员移动过程产生持续影响。

移动事件（下文就统一简称为事件）具有以下几个基本属性：

起始时间和结束时间：表示事件的发生和作用时段。在这个时间段内事件得到激活，对人员转移矩阵进行设置，并在某一时刻随机发生。例如，上班事件在早上某个时段内随机发生、下班事件在下午某个时段内随机发生等。

起始位置和目标位置：表示事件所对应的人员房间位置变化，而人员转移矩阵 P 中对应于这些房间位置的概率元素，会受到事件的影响和控制。例如，上班事件对应着人员从室外进入办公室、下班事件对应着人员从办公室进入室外，而上下班事件只影响转移矩阵中与这两个位置相对应的概率元素。

特征参数：用于表征人员日常活动的数字统计特性，例如平均上班时间、平均下班时间等。这些特征参数的优点在于相对直观、易于理解，但必须与人员转移矩阵中受事件控制的概率元素建立联系，实现数值上的相互转换。每个事件都有各自的特征参数，与转移概率之间的数学关系也各有不同。

作用方式：各个事件对人员移动过程的控制方式与作用途径是一致的，即事件在其作用时段内激活，并根据其特征参数对人员转移矩阵中相关元素进行设置与修改，从而确定出各个时刻人员位置的转移概率，根据转移矩阵即可预测下一时刻的人员位置。

优先级：用于解决多个事件之间的冲突问题。当不同事件的作用时段有重叠时，比较其优先级次序，只有具备最高优先级的事件才能发生，同一时刻只有唯一事件设置和修改人员转移矩阵。

针对不同的建筑和人员类型，根据其日常作息与活动规律，需要引入不同的移动事件集合。以办公建筑为例，其室内总人数的变化通常如图 3-11 所示，其中包含了"上班—工作—午餐—工作—下班"等几个主要活动阶段，需要分别定义相应的事件。

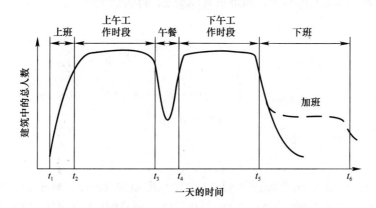

图 3-11　办公建筑人员移动过程与移动事件人数示意图

研究主要考虑办公和住宅两类建筑中的典型事件，例如办公楼中的上班、下班、开会、午餐（午休）等，住宅中的起床、上班、下班回家、睡觉等。下文将具体介绍这些事件的定义和属性，以及它们的特征参数是如何与转移矩阵相互关联的。可以看到，通过上述事件机制能够有效解决高阶时变转移矩阵的设置问题，进而实现对人员移动过程的马氏链描述。

3. 平时的随机走动

随机走动事件，对应于人员平时在建筑内各个房间之间的移动，可以包括在家里、办公室内的很多日常活动，例如去卫生间、去客厅或走廊、短暂外出、访问其他房间、串门等。这是最基本的移动事件，优先级最低，定义为 0。它的作用时段就是人在建筑中的全部时间，对住宅而言，是从回到家到离开家；对办公楼而言，是从上班到下班的整个时段。它的活动范围（起始和目标位置）通常包括建筑内外的全部房间节点，因此涉及转移矩阵中的所有概率元素，设置起来相对复杂。为此，给它定义两个特征向量，作为其特征参数，表征随机走动的一些统计特性，并用于快速设置高阶 P 矩阵。

根据日常经验，随机走动的主要数值特征包括人员在各个房间停留的时间比例和人员在各个房间平均每次逗留的时间。它们与 P 矩阵的联系，以及设置 P 矩阵的方法，是基于以下几个数学关系式。

（1）极限分布（平稳分布）

将人员随机走动过程的转移矩阵记为 P。在不考虑其他事件影响的情况下，P 矩阵全部元素不随时间发生变化。在笔者所研究的问题中，代表人员随机走动的马氏链是不可约和遍历的，具有唯一平稳分布，记为 π，$\pi=(\pi_0, \pi_1, \cdots, \pi_n)$，其中 π_i 表示时间充分长以后马氏链处于状态 i 的概率，也就是长期来看，人员在子空间 i 中停留的时间比例。而且有：

$$\sum_{i=0}^{n} \pi_i = 1 \tag{3-9}$$

$$\boldsymbol{\pi} = \pi \boldsymbol{P} \tag{3-10}$$

如果已知 $\boldsymbol{P}$，联立上述两式，即可求解向量 π，可表示为：

$$\boldsymbol{A} = \begin{bmatrix} 1 & 1 & \cdots & 1 \\ p_{01} & p_{11}-1 & \cdots & p_{n1} \\ \vdots & \vdots & \ddots & \vdots \\ p_{0n} & p_{1n} & \cdots & p_{nn}-1 \end{bmatrix} \quad \boldsymbol{b} = \begin{bmatrix} 1 \\ 0 \\ \vdots \\ 0 \end{bmatrix} \tag{3-11}$$

$$\pi^{\mathrm{T}} = \boldsymbol{A}^{-1} \boldsymbol{b} \tag{3-12}$$

其中，π^{T} 为向量 $\boldsymbol{\pi}$ 的转置。

（2）平均逗留时间

马氏链在状态 i 的停留时间记为 ST_i，它是一个如式（3-13）所示的几何分布（在连续马氏链中它就是指数分布）。其中，$\boldsymbol{P}\{ST_i=k\}$ 表示从马氏链进入状态 i 开始、k 步之后离开状态 i 的概率。

$$\boldsymbol{P}\{ST_i = k\} = p_{ii}^{k-1}(1-p_{ii}) \tag{3-13}$$

ST_i 的期望值，即平均逗留时间 $E(ST_i)$，可表示为：

$$E(ST_i) = \sum_{k=1}^{\infty} k \cdot \boldsymbol{P}\{ST_i = k\} = \sum_{k=1}^{\infty} k \cdot p_{ii}^{k-1}(1-p_{ii}) = \frac{1}{1-p_{ii}} \tag{3-14}$$

$$p_{ii} = 1 - \frac{1}{E(ST_i)} \tag{3-15}$$

马氏链在各个状态的平均逗留时间，记为 Est，$Est=(Est_0, Est_1, \cdots, Est_n)$，其中 Est_i 表示马氏链在状态 i 的平均逗留时间，也就是人员每次在子空间 i 中停留的平均时间。

式（3-13）和式（3-16）说明了 $\boldsymbol{P}$ 矩阵和停留时间比例和平均逗留时间的关系。如果给定人员在各个子空间的停留时间比例 π 和平均逗留时间 Est，$\boldsymbol{P}$ 矩阵的设置就转化为如下最优化问题：

$$\min \| (\boldsymbol{A}^{-1}b)^{\mathrm{T}} - \pi \|_2$$
$$\mathrm{s.\,t.\ } p_{ij} \geqslant 0$$
$$\sum_j p_{ij} = 1$$
$$p_{ij} = 1 - \frac{1}{Est_i} \tag{3-16}$$

其中，$\tilde{\pi}=(\boldsymbol{A}^{-1}b)^{\mathrm{T}}$ 表示对 π 的估计。这个最优化问题可使用 Matlab 软件自带的 $fmincond$ 函数求解。

这样，具有 $(n+1)\times(n+1)$ 个元素的 $\boldsymbol{P}$ 矩阵，通过 $2\times(n+1)$ 个参数就能加以确定，从而大大降低了输入参数的复杂度，特别是建筑内有多个房间的情况。而且这些参数具有明显的物理含义。自然地，由这个 $\boldsymbol{P}$ 矩阵所代表的马氏链进行模拟得到的结果，也必然包含和反映这些统计特征，后文会给出数值上的检验。而向量 π 和 Est，就是随机走动事件的特征参数，也是本节移动模型的直接输入参数，在下文中称为随机走动向量。

以随机走动向量作为移动模型输入参数，通过部署位置传感器追踪和记录人员位置、做调查问卷等方式，能够比较容易地收集和获取。与直接设置 **P** 矩阵相比，这种简化设置方法可能牺牲了与人员移动有关的一些潜在的信息，因为 **P** 矩阵的每个元素都有自己特定的意义，不过，对于建筑室内人员状况模拟的大多数情形，直接详细的设定 **P** 矩阵是费时而不必要的，而使用随机走动向量则更简单有效，而且也足够精确。

4. 办公建筑中的典型事件

（1）上班

上班事件（即早晨的到达）对应于从室外到个人办公室的位置变化，它只涉及 **P** 矩阵中与这两个子空间相对应的行和列上的元素。其有效时段通常是工作日办公时间之前的某段时间，例如 7：00～8：30，分别对应着办公人员最早和最迟的上班（到达办公室）时间 FA_1，FA_2。

上班到达的过程可以用一个具有吸收态的两状态马氏链表示：

$$\boldsymbol{P}_{\text{go\_office}} = \begin{array}{c} 0 \\ 1 \end{array} \begin{bmatrix} \overset{0}{p_{00}} & \overset{1}{p_{01}} \\ 0 & 1 \end{bmatrix} \tag{3-17}$$

其中，0，1 分别表示室外子空间和个人办公室的编号，个人办公室是一个吸收态。这个吸收态意味着人员一定会在某个时间进入他的办公室，而首次进入吸收态的时间就是人员到达办公室的时间。在上班事件的有效时段内，人员 **P** 矩阵中对应于室外和个人办公室的元素将按式（3-17）进行设置。

假设 p_{00}，p_{01} 不随时间发生变化，那么，从上班事件的起始时间 FA_1（7：00）算起，早上到达的时间 $\dfrac{FA-FA_1}{\Delta\tau}+1$（即从 FA_1 开始经历多少步进入吸收态）是一个几何分布，平均到达时间（记为 $E(FA)$）可表示为：

$$E(FA) = \frac{1}{1-p_{00}} \quad p_{00} = 1 - \frac{1}{E(FA)} \tag{3-18}$$

如果上班时间与正常办公时间相同（例如上班事件起始时间和结束时间都为 8：00），则有 $p_{00}=0, E(FA)=1$。此时，上班时间将不再随机，而是一个确定的时间，效果与固定作息方式一致。

上班事件优先级为 2。上班事件发生后，人员将开始办公楼内的随机走动过程。

（2）下班

与上班事件的定义类似，下班事件（即晚上的离开）对应于人员从办公室到室外的位置移动。它的有效时段通常是工作日办公时间之后的某段时间，例如 17：00～21：00，分别对应着办公人员最早和最晚的下班（离开办公室）时间 LD_1、LD_2。

下班离开的过程可以用一个具有吸收态的两状态马氏链表示：

$$\boldsymbol{P}_{\text{off\_work}} = \begin{array}{c} 0 \\ 1 \end{array} \begin{bmatrix} \overset{0}{1} & \overset{1}{0} \\ p_{10} & p_{11} \end{bmatrix} \tag{3-19}$$

其中，0，1分别表示室外子空间和个人办公室的编号，而室外子空间是一个吸收态，意味着人员一定会在某个时间离开他的办公室，而首次进入吸收态的时间就是人员离开办公室的时间。在下班事件的有效时段内，人员 P 矩阵中对应于室外和个人办公室的元素将按式（3-19）进行设置。

与上班事件类似，从下班事件的起始时间 LD_1（17：00）算起，下午离开的时间 $\frac{LD-LD_1}{\Delta\tau}+1$（即从 LD_1 开始经历多少步进入吸收态）是一个几何分布，平均离开时间（记为 $E(LD)$）可表示为：

$$E(LD) = \frac{1}{1-p_{11}} \quad p_{11} = 1 - \frac{1}{E(LD)} \tag{3-20}$$

如果下班时间与正常办公时间相同（例如下班事件起始时间和结束时间都为17：00），则有 $p_{11}=0, E(LD)=1$。此时，下班时间是一个确定的时间点。另外，下班事件可反映工作日的加班状况，平均加班时间＝平均离开时间 $E(LD)$ －规定下班时间17：00。

下班事件优先级为2。下班事件发生后，人员将结束办公楼内的随机走动过程。

（3）午餐

办公建筑中的午餐（午休）时间可分为两个事件。一个是出去吃午饭，表示午餐时间的开始，另一个是吃完饭返回办公室，表示午餐时间的结束。假设午餐地点是室外。这两个事件的处理方式类似于上下班事件。出去吃午饭的过程可用式（3-21）转移矩阵表示，其中0、1分别表示室外子空间和个人办公室的编号。从去吃午饭事件的起始时间算起（即最早的出发时间），平均出发时间（记为 $E(LL)$）可用式（3-22）表示。本事件之后，人员暂时离开随机走动过程。

$$\boldsymbol{P}_{\text{lunch\_out}} = \begin{matrix} & 0 & 1 \\ 0 \\ 1 \end{matrix} \begin{bmatrix} 1 & 0 \\ p_{10} & p_{11} \end{bmatrix} \tag{3-21}$$

$$E(LL) = \frac{1}{1-p_{11}} \quad p_{11} = 1 - \frac{1}{E(LL)} \tag{3-22}$$

吃完饭返回办公室的过程可用式（3-23）的转移矩阵表示，其中0、1分别表示室外子空间和个人办公室的编号。从饭后返回事件的起始时间算起（即最早的返回时间），平均返回时间（记为 $E(LR)$）可用式（3-24）表示。本事件之后，人员再次进入随机走动过程。

$$\boldsymbol{P}_{\text{lunch\_back}} = \begin{matrix} & 0 & 1 \\ 0 \\ 1 \end{matrix} \begin{bmatrix} p_{00} & p_{01} \\ 0 & 1 \end{bmatrix} \tag{3-23}$$

$$E(LR) = \frac{1}{1-p_{00}} \quad p_{00} = 1 - \frac{1}{E(LR)} \tag{3-24}$$

午餐两个事件的优先级均为2。

（4）会议

在办公建筑中还有一类典型事件——会议，它对人员位置移动有很大影响，是造成室内人员分布不均匀的重要原因。一般而言，会议事件往往具有很强的随机性，很难通过固定作息的方式进行描述。由于会议事件通常发生在会议室，所以会议事件发生的频次与时长可以通过会议室的使用状况进行刻画。因此，本书提出一种基于两状态马氏链的方法来模拟随机会议事件。

将会议室的使用状态（是为1，否为0）作为随机变量，其状态变化用马氏链描述，转移概率矩阵可表示为：

$$\boldsymbol{P}_{\text{meet}} = \begin{matrix} & \begin{matrix} 0 & \quad 1 \end{matrix} \\ \begin{matrix} 0 \\ 1 \end{matrix} & \begin{bmatrix} p_{00} & p_{01} \\ p_{10} & p_{11} \end{bmatrix} \end{matrix} \tag{3-25}$$

与文献［22］中给出的方法类似，这个2×2的矩阵可由两个特征参数唯一确定。

设会议室使用时间比例为α（即被使用状态最终占全部工作时间的比例，$0<\alpha<1$）、会议平均时长为β（即会议在使用状态1下的平均逗留时间，以单位时间步长来计算，例如取会议平均时长1h，时间步长5min，则$\beta=12$），则有：

$$p_{11} = 1 - \frac{1}{\beta}$$
$$p_{10} = 1 - p_{11}$$
$$p_{00} = 1 - \frac{\alpha(1-p_{11})}{1-\alpha} = 1 - \frac{\alpha}{\beta(1-\alpha)} \tag{3-26}$$
$$p_{01} = 1 - p_{00}$$

为确定与会人数，还必须定义最少、最多与会人数、会议类型（人员构成）等，如表3-5所示。会议类型中，"组会"是指由单个房间的人所举行的会议（组内会议），"内部交流"是指多个房间的人所举行的会议（组间交流，此时应满足最小人数限制），各自所占比例按均匀分布进行处理。

办公建筑典型移动事件

表 3-5

办公移动事件	描述	事件属性特征参数	对应的日常含义
随机走动	办公楼内外各个房间之间的走动	停留时间比例	在各个房间停留的时间比例
		平均逗留时间	在各个房间平均每次的逗留时间
上班	从室外到个人办公室的位移，发生后进入随机走动过程	起始时间	最早到达时间
		结束时间	最晚到达时间
		平均上班时间	平均到达时间
下班	从个人办公室到室外的位移，发生后结束随机走动过程	起始时间	最早离开时间
		结束时间	最晚离开时间
		平均下班时间	平均离开时间

续表

办公移动事件	描述	事件属性特征参数	对应的日常含义
出去吃午饭	从办公室到室外的位移，发生后停止随机走动过程	起始时间	最早出发时间
		结束时间	最晚出发时间
		平均出发时间	平均出发时间
吃完饭返回办公室	从室外到办公室的位移，发生后恢复随机走动过程	起始时间	最早返回时间
		结束时间	最晚返回时间
		平均返回时间	平均返回时间
开会	从办公室到会议室的位移，发生后停止随机走动过程。基于会议室进行定义	使用时间比例	会议室处于使用状态的时间比例
		会议平均时长	每次开会所占用的时长
		最少与会人数	最小与会人数
		会议类型与人员构成	与会人员的构成方式，组会或内部交流

会议事件的优先级为3。会议事件发生后，人员结束随机走动过程；会议事件结束后，人员恢复随机走动过程。

对于其他的典型事件，例如节假日加班、出差等都可以参照会议事件进行定义，此处不再赘述。

将上述办公建筑移动事件的属性参数做一个汇总，见表3-5。基于这些事件，就能得到办公建筑中人员移动的一种典型模式（"上班—午餐—下班"及上下午工作时段的随机走动），如图3-11所示。

5. 住宅建筑中的典型事件

住宅建筑中事件的定义与办公建筑类似，主要的区别在于住宅中需要考虑人员的睡眠活动：在这个时段内，人员所在的房间位置就是卧室，人员处于非活动状态，不会对房间内的设备有任何操作。因此要为人员定义一个新的状态变量，其状态变化可用以下转移矩阵表示：

$$\boldsymbol{P}_{\text{wake}} = \begin{matrix} & 0 & 1 \\ 0 \\ 1 \end{matrix}\begin{bmatrix} p_{00} & p_{01} \\ p_{10} & p_{11} \end{bmatrix} \tag{3-27}$$

其中，0，1分别表示人员处于睡眠状态（非活动状态）、清醒状态（活动状态）。

（1）起床

起床事件对应于人员从非活动状态转为活动状态，而位置不发生变化。它对 $\boldsymbol{P}_{\text{wake}}$ 矩阵进行控制。其有效时段通常是早上的某段时间，例如7：00～8：00，分别对应着人员最早和最迟的起床时间 GU_1，GU_2。

起床事件发生的过程也用一个具有吸收态的两状态马氏链表示：

$$\boldsymbol{P}_{\text{get\_up}} = \begin{matrix} & 0 & 1 \\ 0 \\ 1 \end{matrix} \begin{bmatrix} p_{00} & p_{01} \\ 0 & 1 \end{bmatrix} \tag{3-28}$$

其中，0，1 分别表示睡眠状态、清醒状态，清醒状态是一个吸收态。这个吸收态意味着人员一定会在某个时间起床，而首次进入吸收态的时间就是人员起床的时间。在起床事件的有效时段内，人员 $\boldsymbol{P}_{\text{wake}}$ 矩阵中的元素将按式（3-28）进行设置。

假设 p_{00}，p_{01} 不随时间发生变化，那么，从起床事件的起始时间 GU_1（7：00）算起，起床的时间 $\dfrac{GU-GU_1}{\Delta\tau}+1$（即从 GU_1 开始经历多少步进入吸收态）是一个几何分布，平均起床时间（记为 E（GU））可表示为：

$$E(GU) = \frac{1}{1-p_{00}} \quad p_{00} = 1 - \frac{1}{E(GU)} \tag{3-29}$$

如果起床事件的起始时间和结束时间相同（平均起床时间也必然相同，例如都为8：00），则有 $p_{00}=0, E(GU)=1$。此时，起床时间将不再随机，而是一个确定的时间，效果与固定作息方式一致。

起床事件的优先级为 1。起床事件发生后，人员将开始住宅内的随机走动过程。

（2）睡觉

与起床事件的定义类似，睡觉事件对应于人员从活动状态转为非活动状态，位置则从其他房间转到其卧室。它的有效时段通常是夜间某段时间，例如 22：00～23：00，分别对应着人员最早和最晚的睡觉时间 GS_1、GS_2。

睡觉时间发生的过程用一个具有吸收态的两状态马氏链表示：

$$\boldsymbol{P}_{\text{go\_sleep}} = \begin{matrix} & 0 & 1 \\ 0 \\ 1 \end{matrix} \begin{bmatrix} 1 & 0 \\ p_{10} & p_{11} \end{bmatrix} \tag{3-30}$$

其中，0，1 分别表示睡眠状态、清醒状态，睡眠状态是一个吸收态，意味着人员一定会在某个时间睡觉，而首次进入吸收态的时间就是人员睡觉的时间。在睡觉事件的有效时段内，人员 $\boldsymbol{P}_{\text{wake}}$ 矩阵中的元素将按式（3-30）进行设置。

与起床事件类似，从睡觉事件的起始时间 GS_1（22：00）算起，睡觉的时间 $\dfrac{GS-GS_1}{\Delta\tau}+1$（即从 GS_1 开始经历多少步进入吸收态）是一个几何分布，平均睡觉时间（记为 E（GS））可表示为：

$$E(GS) = \frac{1}{1-p_{11}} \quad p_{11} = 1 - \frac{1}{E(GS)} \tag{3-31}$$

如果睡觉事件的起始时间和结束时间相同（平均睡觉时间也必然相同，例如都为22：00），则有 $p_{11}=0, E(GS)=1$。此时，睡觉时间是一个确定的时间点。

睡觉事件的优先级为 1。睡觉事件发生后，人员将结束住宅内的随机走动过程。

（3）上班

对住宅而言，上班事件对应于从住宅房间到室外的位置变化，它只涉及人员转移矩阵 $\boldsymbol{P}$ 中与这两个子空间相对应的行和列上的元素。其有效时段通常是起床时间之后、办公时间之前的某段时间，例如 7：30～9：00，分别对应着人员最早和最迟的上班（离家）时间 FA_1，FA_2。

上班离家的过程可以用一个具有吸收态的两状态马氏链表示：

$$\boldsymbol{P}_{\text{go\_office}} = \begin{array}{c} 0 \\ 1 \end{array} \begin{bmatrix} 1 & 0 \\ p_{10} & p_{11} \end{bmatrix} \quad \begin{array}{cc} 0 & 1 \end{array} \tag{3-32}$$

其中，0，1 分别表示室外子空间和住宅中个人当前所在房间的编号，室外是一个吸收态（这一点与办公建筑上班事件相反）。这个吸收态意味着人员一定会在某个时间进入室外，而首次进入吸收态的时间就是人员上班离家的时间。在上班事件的有效时段内，人员 $\boldsymbol{P}$ 矩阵中对应于室外和个人所在房间的元素将按式（3-32）进行设置。

从上班事件的起始时间 FA_1（7：00）算起，上班离家的时间 $\dfrac{FA-FA_1}{\Delta\tau}+1$（即从 FA_1 开始经历多少步进入吸收态）是一个几何分布，平均上班时间（记为 $E(FA)$）可表示为：

$$E(FA) = \frac{1}{1-p_{11}} \quad p_{11} = 1 - \frac{1}{E(FA)} \tag{3-33}$$

如果上班事件起始时间和结束时间相同（平均上班时间也必然相同，例如都为 8：00），则有 $p_{11}=0$，$E(FA)=1$。此时，上班时间是一个确定的时间点。

上班事件的优先级为 2。上班事件发生后，人员将结束住宅内的随机走动过程。

（4）下班

对住宅建筑而言，下班事件对应于人员从室外到室内（门厅或客厅）的位置移动。它的有效时段通常是办公时间之后的某段时间，例如 17：00～21：00，分别对应着人员最早和最晚的下班（回家）时间 LD_1、LD_2。

下班回家的过程可以用一个具有吸收态的两状态马氏链表示：

$$\boldsymbol{P}_{\text{off\_work}} = \begin{array}{c} 0 \\ 1 \end{array} \begin{bmatrix} p_{00} & p_{01} \\ 0 & 1 \end{bmatrix} \quad \begin{array}{cc} 0 & 1 \end{array} \tag{3-34}$$

其中，0，1 分别表示室外子空间和住宅门厅（或客厅）的编号，门厅是一个吸收态（这一点与办公建筑下班事件相反），意味着人员一定会在某个时间进入住宅，而首次进入吸收态的时间就是人员下班回家的时间。在下班事件的有效时段内，人员 $\boldsymbol{P}$ 矩阵中对应于室外和门厅的元素将按式（3-34）进行设置。

从下班事件的起始时间 LD_1（17：00）算起，下午回家的时间 $\dfrac{LD-LD_1}{\Delta\tau}+1$（即从 LD_1 开始经历多少步进入吸收态）是一个几何分布，平均下班时间（记为 $E(LD)$）可表示为：

$$E(LD) = \frac{1}{1-p_{00}} \qquad p_{00} = 1 - \frac{1}{E(LD)} \tag{3-35}$$

如果下班事件的起始时间和结束时间相同（平均下班时间也必然相同，例如都为17：00），则有 $p_{00}=0, E(LD)=1$。此时，下班时间是一个确定的时间点。

下班事件的优先级为 2。下班事件发生后，人员将进入随机走动过程。

对于其他的典型事件，例如节假日出去玩、出差等都可以进行类似定义，此处不再赘述。

将上述住宅移动事件的属性参数做一个汇总，见表 3-6。基于这些事件，就能得到住宅中人员移动的一种典型模式（"起床—上班—下班—睡觉"及在家时段的随机走动）。

住宅建筑典型移动事件　　　　　　　　　　　　　　　表 3-6

住宅移动事件	描述	事件属性特征参数	对应的日常含义
随机走动	住宅内外各个房间之间的走动	停留时间比例	在各个房间停留的时间比例
		平均逗留时间	在各个房间平均每次的逗留时间
起床	从睡眠状态到清醒状态，位置不变，发生后进入随机走动过程	起始时间	最早起床时间
		结束时间	最晚起床时间
		平均起床时间	平均起床时间
睡觉	从清醒状态到睡眠状态，转到卧室，发生后结束随机走动过程	起始时间	最早睡觉时间
		结束时间	最晚睡觉时间
		平均睡觉时间	平均睡觉时间
上班	从住宅到室外的位移，发生后停止随机走动过程	起始时间	最早上班时间
		结束时间	最晚上班时间
		平均上班时间	平均上班时间
下班	从室外到住宅的位移，发生后恢复随机走动过程	起始时间	最早下班时间
		结束时间	最晚下班时间
		平均下班时间	平均下班时间

3.4.2　室内人员状况的模拟方法

根据人员移动模型，很容易模拟生成室内人员随机作息。尽管办公和住宅等不同类型的建筑会定义不同的移动事件集合，但室内人员状况的模拟实现方法是一致的。

1. 人员移动过程的算法实现

人员移动模拟遵循模拟计算的三个通用步骤：设置输入参数—模拟计算—输出计算结果。移动模拟的输入参数包括：建筑内各房间的人数分配、定义移动事件及其属性参数、指定人员的事件集、模拟时段及时间步长。输出结果包括：人员位置、房间人数、事件的发生等逐时信息。

人员移动模型包含两层结构，即移动过程（movement process）和事件层（events）。

其基本结构与计算流程如图 3-12、图 3-13 所示。

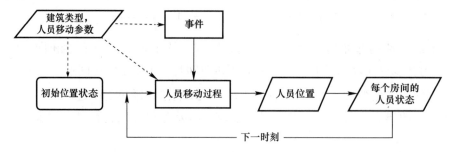

图 3-12　人员移动模型的基本结构

人员移动模拟的具体计算步骤是：

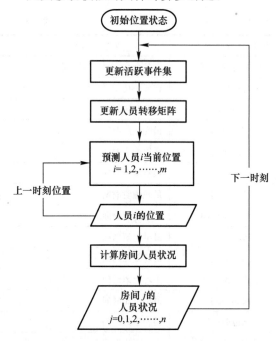

图 3-13　人员移动模拟的计算流程

初始化人员位置状态。设置全部人员在 0 时刻（第一天 0：00）的位置状态，对办公建筑，设为室外（编号 0）；对住宅建筑，设为各人所属的卧室。

对于每个时刻，则有：

确定当前时刻的活跃事件集。对全部事件集合进行搜索，根据事件的起始和结束时间判断各个事件是否处于活跃状态，更新当前的活跃事件集合。

计算当前时刻的人员转移矩阵。根据活跃事件集合以及各个事件的特征参数，对人员转移矩阵的相关元素进行设置和更新。

计算人员位置。根据上一时刻的位置及更新后的转移矩阵，预测和更新各个人员在当前时刻的位置。这一步是对马氏链进行随机模拟，具体算法见图 3-14。

计算房间人数。根据全部人员的位置，计算和更新各个房间的人数。

进入下一时刻的计算。

重复上面的步骤，就能得到各个人员的位置序列和各个房间的人员作息，以及各个事件发生的时刻。这些结果可以进一步代入到建筑能耗计算和人员动作模拟之中。

需要说明的是，与建筑能耗模拟计算采用 1h 步长不同，由于需要表现人员移动的随机性和短暂停留，人员移动模拟的时间步长相对较小。为了方便与逐时模拟软件集成，一般取为 1h（60min）的约数，例如 1min、2min、3min、4min、5min、6min、10min、12min、15min、20min 等。计算完成后，再将这个小步长的结果转换为 1h 步长的结果。

2. 简单算例与结果展示

通过一个办公楼的简单例子对上述模型及算法进行展示。

计算所采用的建筑模型平面如图 3-15 所示，包含 7 个房间，其中 4 个普通办公室，1 个会议室，1 个洗手间，1 个走廊，连带外界，依次编号为 0~7。建筑在正常工作日运行，周末休息。

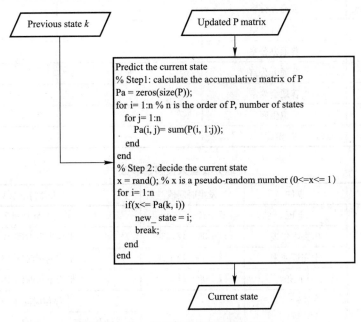

图 3-14 马氏链的随机模拟算法

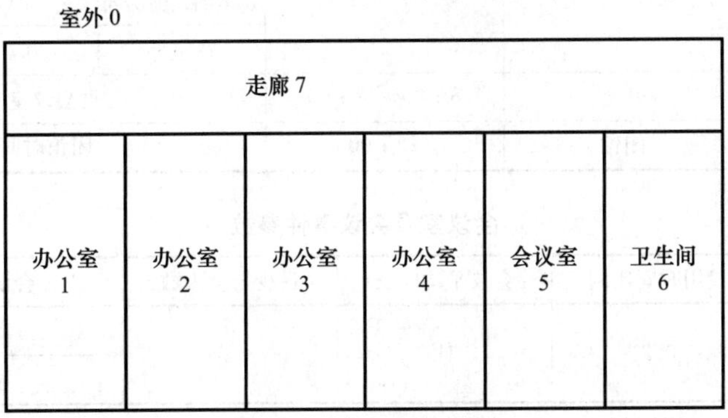

图 3-15 建筑平面图

房间基本参数见表 3-7。普通办公室人员移动参数见表 3-8（简化起见，这里认为除自己办公室和室外空间以外，人员在其他各个房间的时间比例和单次逗留时间都相同。以人员 1 为例，其在房间 2、3、4、5、6、7 的停留时间比例均为 0.01，共计 0.06；平均逗留时间则均为 10min）。会议室及会议事件参数见表 3-9。

模拟计算的时间步长为 5min，时间为 1a（365d）。

模拟结果如图 3-16~图 3-20 所示。

图 3-16 表示办公室 1 内人员位置连续 3d 的逐时变化，结果既反映出人员移动的随机性，如在各个房间之间的位置转移、上下班时间不固定等，同时也反映出人员移动的时相关性，即上一时刻在哪里那么下一时刻仍有很大可能性停留在那里，而不是频繁的随机跳跃。

房间基本参数（功能类型和基准人数） 表 3-7

房间编号	功能类型	职员人数（人）	最大人数限制（人）
0	外界/室外	—	—
1	普通办公室	1	—
2	普通办公室	6	—
3	普通办公室	6	—
4	普通办公室	6	—
5	普通会议室	—	10
6	卫生间	—	—
7	走廊	—	—

普通办公室人员移动参数 表 3-8

工作作息	事件	发生时间段	事件特征参数		
工作时间 8：00～17：00 午餐时间 12：00～13：00	上班	7：30～8：30	平均上班时间 7：45		
	出去吃午饭	11：30～12：30	平均出发时间 12：00		
	吃完饭回来	12：30～13：30	平均返回时间 13：00		
	下班	17：00～21：00	平均下班时间 18：00		
	走动	8：00～17：00		停留时间比例	平均逗留时间
			在自己办公室	0.93	3h
			在室内其他房间	0.06	10min
			在室外	0.01	10min
	开会	8：00～17：00	见会议室参数设置		
	闭馆	23：00	闭馆时间 23：00		

会议室及会议事件参数 表 3-9

会议室类型	使用时间比例	会议平均时长	最少与会人数	会议类型/人员构成
会议室	0.2	1h	2人	组会 2/3人
				内部交流 1/3人

图 3-17 表示同一个工作日内办公室 2 和会议室 5 的人数变化情况。会议室 5 发生了会议事件，开会人员来自办公室 2，因此会议室 5 有人的时刻正好对应于办公室 2 无人的时刻，这表明不同房间的人数之间存在相关性。

图 3-18 和图 3-19 分别表示建筑总人数和办公室 2 人数在全部工作日的总体分布情况，其中 1h 步长结果由 5min 步长结果做累计平均得到。从图中可以看出，统计结果从总体上反映出办公建筑内的人员上下班作息规律，而且由于人员移动的随机性，各个工作日同一时刻的室内人数会有波动和差异，这种现象与实际观测结果非常相符。

图 3-20 表示 2 个不同的工作日下，各主要房间的人数变化关系。结果表明，按照上述移动模型进行模拟，可以刻画不同房间人员状况的不均匀情况，并能构造出一系列不均匀工况，用于建筑系统全工况模拟分析。

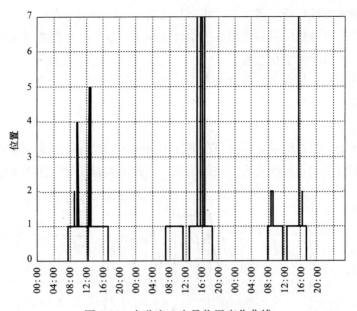

图 3-16　办公室 1 人员位置变化曲线

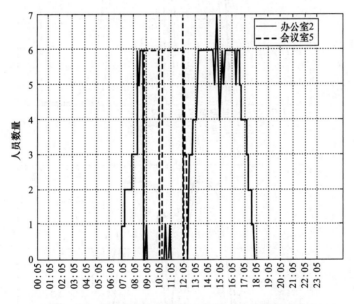

图 3-17　办公室 2 和会议室 5 一天内人员数量变化

　　从上述结果可以看出，按本书所提出的模型，能够很好地刻画和模拟建筑人员移动过程，反映其随机性与规律性，从而适用于建筑能耗与系统性能的随机模拟分析。

3.4.3　模型方法验证

　　本书的移动模型通过马氏链和事件集来刻画人员移动过程，进而反映室内人员状况的变化。需要将这一整套模型方法应用于实际案例，对其加以验证。可以从模型基本假设和应用效果两个方面入手：（1）马氏性假设检验：各个人员的实际位置序列是否满足马氏性。（2）事件统计特性检验：各个事件模型是否符合实际的事件发生规律。（3）应用效果检验：在所设定的事件集以及各个事件的综合影响下，最终模拟结果是否能够表示实际的人员位置与室内人员状况变化过程。

由于真实建筑中人员众多，各自又在多个房间之间活动，严格来说，模型验证所依赖的实测数据，应该包括各个时刻：（1）各个人员所在的房间位置；（2）各个人员所发生的事件（所进行的日常活动）；（3）各个房间的人数。这样才能进行上述全面验证。然而，这需要长期而详细的跟踪记录。限于目前的技术条件，如此完备的案例数据十分匮乏，已有的一些测试都只是记录房间有人没人的信息，导致全面验证暂时无法实施。

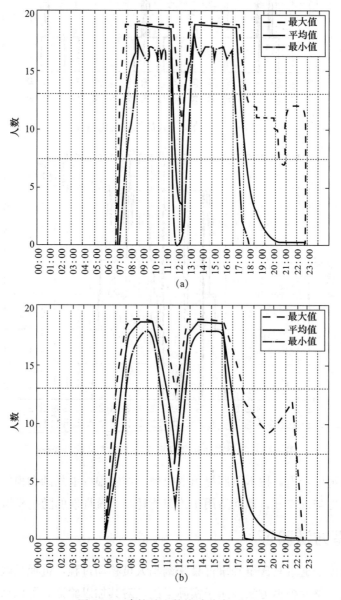

图 3-18　建筑总人数统计分布（一）

（a）平均值、最大值、最小值（5min）；（b）平均值、最大值、最小值（1h）

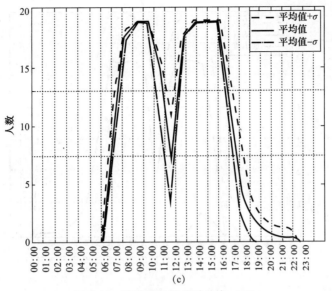

图 3-18　建筑总人数统计分布（二）

（c）平均值与标准差（1h）

　　不过，由于人员移动模型是基于个体描述的，而且没有房间数量限制，所以也应该适用于单一单人房间人员状况的描述。于是，可以利用单人房间的有人无人状态等实测数据对上述模型进行初步验证。其基础在于：

　　单人房间只有一个人员，人员位置可完全通过室内有人无人状态进行描述，"有人在"表示人员在室内空间、"无人在"表示人员在室外空间。

　　由于只需考虑人员位置在室内、室外两个空间之间的转移，人员位置变化可用一个两状态的马氏链进行描述（0 表示室外，1 表示室内）。

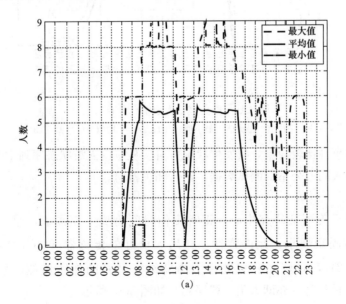

图 3-19　办公室 2 人数统计分布（一）

（a）平均值、最大值、最小值（5min）

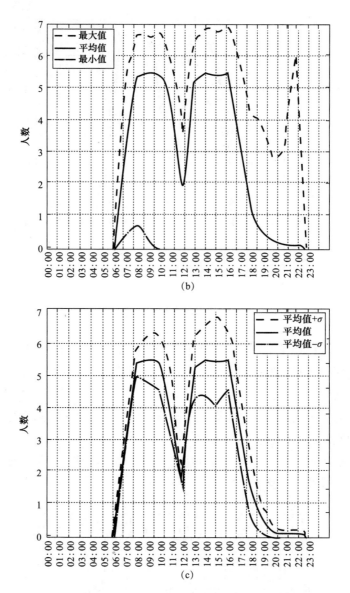

图 3-19　办公室 2 人数统计分布（二）

（b）平均值、最大值、最小值（1h）；（c）平均值与标准差（1h）

需要定义的事件比较简单，其发生状况可直接从室内人员状态序列中提取。

结合一个单人间办公室的测试数据，进行相关检验。

1. 案例描述

该办公室属于美国某研究中心，正常工作时间为周一至周五，早上 8：00 到晚上 17：00，但不做固定要求、允许弹性。利用人员红外传感器（HOBO Occupancy Data Logger，见图 3-21），对该办公室进行了为期约 5 个月的连续监测，采样时间步长为 5min。其实际人员作息（亦即人员位置序列）如图 3-22 所示。

根据访谈和观察，该房间工作人员的办公时间较为规律，中午自带午餐，平时有外出开会和整日出差，周末和节假日从不加班。这与实测作息数据是相符合的。

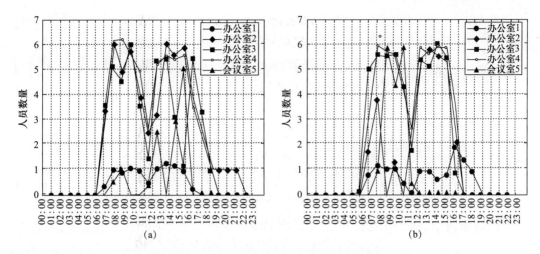

图 3-20　不同工作日下主要房间人数变化

（a）工作日 1；（b）工作日 2

2. 马氏性检验

采用 χ^2 检验法[242]对这个两状态随机序列（0 表示无人、人在室外；1 表示有人、人在室内）的马氏性进行检验。其原理是：对于包含 n 个可能状态的随机序列 X_τ，$\tau \geqslant 0$，记 f_{ij} 为从状态 i 经过一步转移到状态 j 的频数，记 $p_{\cdot j}$ 为转移频数矩阵 $\boldsymbol{F} = (f_{ij})_{n \times n}$ 第 j 列之和除

图 3-21　人员红外传感器

以各行各列总和所得的值（边际概率），即 $p_{\cdot j} = \dfrac{\sum\limits_{i=1}^{n} f_{ij}}{\sum\limits_{i=1}^{n}\sum\limits_{j=1}^{n} f_{ij}}$ ，则统计量

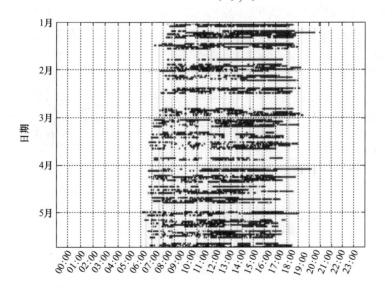

图 3-22　办公室实测人员作息（灰色-有人，白色-无人）

$$\chi^2 = 2 \sum_{i=1}^{n} \sum_{j=1}^{n} \left(f_{ij} \left| \log \frac{p_{ij}}{p_{\cdot j}} \right| \right) \tag{3-36}$$

近似服从自由度为 $(n-1)^2$ 的 χ^2 分布。其中，$p_{ij} = \dfrac{f_{ij}}{\sum\limits_{j=1}^{n} f_{ij}}$。给定显著性水平 α，若

$\chi^2 > \chi_\alpha^2 [(n-1)^2]$，则认为 $\{X_\tau\}$ 满足马氏性。

对于上述案例，可以计算得到：

$$(f_{ij})_{2 \times 2} = \begin{bmatrix} 34436 & 997 \\ 997 & 4466 \end{bmatrix} \quad (p_{ij})_{2 \times 2} = \begin{bmatrix} 0.9719 & 0.0281 \\ 0.1825 & 0.8175 \end{bmatrix} \tag{3-37}$$

边际概率值 $p_{\cdot j} = [0.8664, 0.1336]$，检验统计量 $\chi^2 = 30302$。取置信水平 $\alpha = 0.05$，$\chi_\alpha^2 [(n-1)^2] = \chi_{0.05}^2(1) = 3.841 < \chi^2$。因此该人员位置序列满足马氏性，可以作为马氏链来处理。

3. 事件统计特性检验

只需要为工作日定义三个事件：上班、下班、随机走动。由于实测数据只记录了人员在室状态，除上下班事件外，外出开会等事件不能被从中区分，因此都包含在随机走动事件中处理。对于上班事件，其发生时间对应于每天最早进入办公室的时刻，即

$$\tau_{\text{go-office}} = \min\{\tau | X_{\tau-1} = 0, X_\tau = 1\} \tag{3-38}$$

统计上班时刻，得到：最早上班时间为 7：00，最晚上班时间为 10：00，平均上班时间为 8：00；并且近似服从几何分布（图 3-23）。

对于下班事件，其发生时间对应于每天最后离开办公室的时刻，即

$$\tau_{\text{get-off}} = \max\{\tau | X_{\tau-1} = 1, X_\tau = 0\} \tag{3-39}$$

统计下班时刻，得到：最早下班时间为 17：00，最晚下班时间为 20：00，平均下班时间为 18：00（即平均每天加班 1h）；并且近似服从几何分布（图 3-24）。

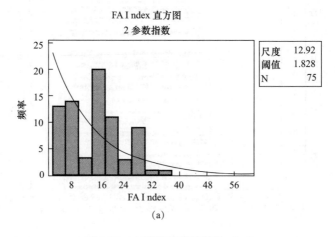

(a)

图 3-23　上班事件统计特性（一）

（a）分布

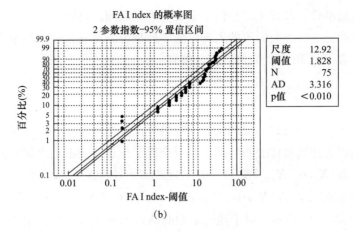

图 3-23　上班事件统计特性（二）

（b）检验

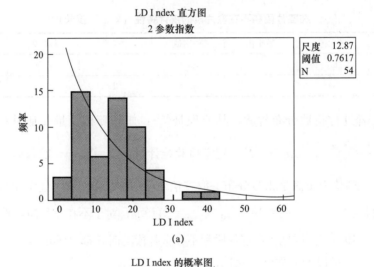

（a）

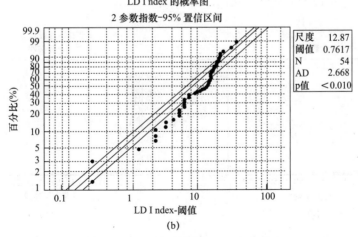

图 3-24　下班事件统计特性

（a）分布；（b）检验

对于随机走动事件，其发生时段位于上班与下班之间。可以逐一检查每个工作日（即出现上下班事件的日子）办公时段的人员位置序列是否满足马氏性，结果表明：全部满足马氏性。例如，取 1 月 10 日的实测数据，得到：

$$(f_{ij})_{2\times2} = \begin{bmatrix} 5 & 7 \\ 7 & 89 \end{bmatrix} \quad (p_{ij})_{2\times2} = \begin{bmatrix} 0.4167 & 0.5833 \\ 0.0729 & 0.9271 \end{bmatrix} \tag{3-40}$$

边际概率值 $p_{\cdot j} = [0.1111, 0.8889]$，检验统计量 $\chi^2 = 32.5 > \chi_{0.05}^2 (1) = 3.841$。

不过，我们更关注其总体分布特性。对于全部工作日（上下班之间）的在室片段（人在室内的时段，即 $\{X_\tau, \cdots, X_{\tau+k} | X_{\tau-1} = 0, X_\tau = X_{\tau+1} = \cdots = X_{\tau+k} = 1, X_{\tau+k+1} = 0\}$）、不在室片段（人在室外的时段，即 $\{X_\tau, \cdots, X_{\tau+k} | X_{\tau-1} = 1, X_\tau = X_{\tau+1} = \cdots = X_{\tau+k} = 0, X_{\tau+k+1} = 1\}$）进行统计，如表 3-10 所示。对于随机走动的两状态马氏链，其在室片段、不在室片段交替出现，两个片段的时长都应该满足指数分布，如图 3-25 所示，而且二者之间还有一定的依存关系，见式（3-26）。

在室片段和不在室片段的统计特性（单位：步长）　　　　表 3-10

	最大值	最小值	平均值	中位数	标准差	总体比例
在室片段时长	65	1	5.48	3	7.56	0.638
非在室片段时长	34	1	3.38	2	4.36	0.362

首先对二者进行指数分布检验。其原理是[243]：如果随机变量 x 服从指数分布，$x \sim \text{Exp}(\lambda)$，则 $n\bar{x} = \sum_{i=1}^{n} x_i \sim Ga(n, \lambda)$。定义检验统计量：$\chi^2 = 2\lambda n\bar{x} \sim \chi^2(2n)$，若 $\chi_{\frac{\alpha}{2}}^2(2n) < \chi^2 < \chi_{1-\frac{\alpha}{2}}^2(2n)$，则认为 x 满足指数分布。取置信水平 $\alpha = 0.05$，对上述结果计算 χ^2 统计量：对于在室片段，$\chi^2 = 1994$，$\chi_{\frac{\alpha}{2}}^2 = 1872.1$，$\chi_{1-\frac{\alpha}{2}}^2 = 2119.7$；对于不在室片段，$\chi^2 = 1838$，$\chi_{\frac{\alpha}{2}}^2 = 1721.1$，$\chi_{1-\frac{\alpha}{2}}^2 = 1958.7$。可见，在室片段和不在室片段的时长都是满足指数分布的。

类似的结果还可以参见文献 [147] [241]。

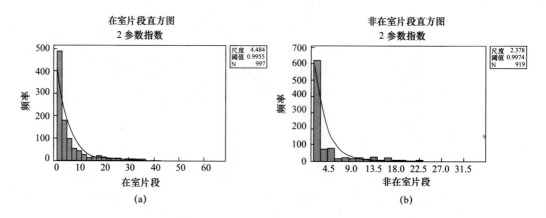

图 3-25　随机走动事件-在室片段和不在室片段的时长分布
（a）在室片段；（b）不在室片段

此外，还需要考察在室状态和不在室状态之间的数字特征关系。这是现有文献[147,241]中都没有考虑到的。根据式（3-24）以及室内的停留时间比例和平均逗留时间（分别是 0.638、5.48，见表 3-10），可以计算室外的平均逗留时间，得 3.11；与其实测值 3.38 相比，误差约为 8%。同样，根据式（3-24）以及室外的停留时间比例和平均逗留时间（分别是 0.362、3.38），可以计算室内的平均逗留时间，得 5.95；与其实测值 5.48 先比，误差约为 8.6%。这进一步表明，上述基于马氏链的模型关系是相当精确可靠的。

4. 模拟效果检验

检查按上述模型（两状态、三事件）进行模拟的总体效果：图 3-26 是模拟得到的室内人员作息。与实测结果（图 3-22）相比，整体上是非常相似的。

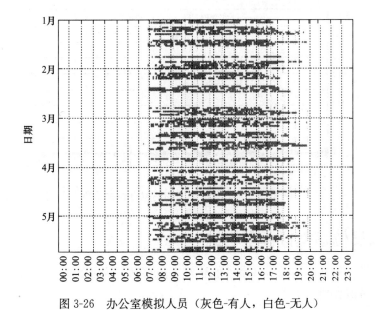

图 3-26　办公室模拟人员（灰色-有人，白色-无人）

可以通过时间序列的自相关系数和偏自相关系数来定量判断实测与模拟结果之间的相似程度。对于时间序列 $\{X(\tau)\}$，自相关系数 $ACF(k)$ 用于考察 $X(\tau-k),\cdots,X(\tau-1)$ 对 $X(\tau)$ 的综合影响，偏自相关系数 $PACF(k)$ 则是单独考察 $X(\tau-k)$ 对 $X(\tau)$ 的影响，二者是衡量时间序列统计特征的常用指标。

图 3-27、图 3-28 分别给出实测序列和模拟序列的自相关系数、偏自相关系数。其中，滞后长度为 7d（由于采用 5min 步长，每天包含 288 个数据点，最大滞后项数为 $288\times7=2016$）。可以看出，模拟结果与实测结果非常接近，充分表现出以下实际特征：历史项的综合影响在不断衰减，同时存在以天、星期为单位的明显周期性；而对各个历史项而言，对当前状态有显著影响的主要是前面相邻的几项，并且随着距离增加，其影响迅速衰减。

从上述时间相关性的比较来看，通过上述移动模型的简单处理，就能很好地反映实际人员移动过程的动态特征。

于是，综合以上模型假设、事件特性、模拟效果三个方面的检验，初步证明了人员移动模型的可靠性和有效性。

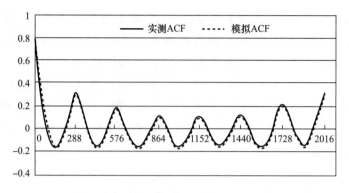

图 3-27　实测和模拟序列的自相关系数

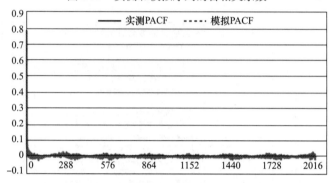

图 3-28　实测和模拟序列的偏自相关系数

3.4.4　人员位移模拟模型小结

本书建立了一种基于马氏链和事件的建筑人员移动行为的数学描述方法，以及室内人员状况的随机模拟方法。

模拟和验证结果表明，此方法：

（1）能定量刻画出人员移动过程，体现人员移动的随机性、时间相关性、空间相关性等主要特征；

（2）提炼出若干具有清晰物理含义的移动特征参数，输入参数简洁直观，便于模拟应用与实测调研；

（3）能构造出一系列非标准、不均匀的室内人员状况，为建筑系统的随机模拟与性能分析提供了公平可靠的基础；

（4）模型具有良好的扩展性，也很容易与现有的能耗模拟软件进行集成。

与现有随机模型相比，该模型有效解决了建筑多房间情形下的人员移动模拟以及模型输入参数过于复杂等问题。模型不受房间数量的限制，可适用于不同规模的建筑。它不仅适合于新建建筑，也适合于既有建筑。根据这一移动模型，通过一些简单的输入参数，就可以得到建筑在不同空间层次上的人员作息结果，包括单个房间的人员作息、一个楼层的人员作息、整个建筑的人员作息等。从而为不同功能类型的建筑、同功能类型不同规模的建筑、不同的集中和分散设备系统形式提供一个相对公平统一的比较基准。

由于这一模型的参数简洁，并且具有清晰明确的物理含义，容易调研获取，因此，可以根据这些模型参数对人员的移动特性进行定义和分类，针对不同的建筑类型和人员类型，建立若干种能够反映各类建筑实际人员活动特点以及个体差异的移动模式，并最终用于建筑设计与方案评估的模拟分析。

3.5　人员位移预测模型构建与检验

3.5.1　研究背景

由于气候变化，建筑节能和低碳发展愈加重要，需要在耗能总量与碳排放两方面加以控制。诸多学者指出，减缓气候变化，有效的措施之一是高效利用可再生能源[244,245]。我国对水力、风力等集中可再生能源发电的投入不断增加，与此同时，增加分散式发电，优化分布式能源管理，能够有效集成分散式供电与末端，提高可再生能源利用效率[246]。而其关键问题在于发电侧与耗电末端侧的负荷匹配。如光伏发电的峰值出现在太阳光能充足的时刻，而建筑中的用能负荷具有自身的峰谷特性，两者的有效匹配能够确保可再生能源的充分高效利用。建筑中的人员是多数住宅与公共建筑设备服务的对象，人行为因素需要在建筑性能设计和运行控制管理过程中做详细的设定与考量[247,248]。建筑中的人员在室情况和人数，统称为建筑的人员位移，决定了人员发热作息，影响着设备作息以及人员动作发生，因此是人行为因素的重要基础。随着对建筑运行管理要求的逐渐提升，结合未来时段的综合运行管理策略制定愈加关键，而人员位移预测结果则是优化控制效果的重要输入之一。

近十年随着学者对建筑中人员位移重要性的认识加深，出现了诸多相关研究成果，研究内容大部分围绕着人员位移的模拟方法[249]和识别模型[250]展开，人员位移情况在未来时段的预测研究近几年逐渐增多，成为人员位移研究的另一研究方向和趋势[251]。模型方法根据其原理分为 4 类，分别是：

（1）基于概率统计或贝叶斯推断的数理模型，如基于马氏链的预测模型[184]；

（2）非监督式机器学习模型，如基于聚类的预测算法[252]；

（3）监督式机器学习模型，如决策树模型[222]和长短时记忆网络模型[195]；

（4）混合模型，即以上算法集成所得预测模型[231]。近几年，基于监督式机器学习模型和混合模型的研究数量逐渐增加。

建筑中人员位移预测相关研究的输入参数主要为历史位移数据，反映时间信息等数据，以及反映环境状态的参数（多为传感器获得）。多数研究基于历史位移数据，如马尔可夫模型与部分机器学习模型，仅考虑上一时间步长的数据。反映时间信息的数据一般为时刻、周数、节假日信息等，与事件相关的信息通常较少，仅在特殊交通场站等场合有所体现[210]。

通过对目前现有人员位移预测模型的整理分析，多数研究对人员位移预测模型的分析关注上一时间步长，或基于若干连续历史步长数据作为输入构建模型。有研究基于传统时间序列分析模型开展预测研究[154]，但是效果有待提升。因此本研究基于当前人员位移预测研究现状，旨在构建预测模型，基于人员位移数据的时间序列的物理特性，构建人员位移预测模型，为基于预测优化运行控制管理，以及能源规划控制管理奠定研究基础。

3.5.2　技术路线

研究从数据采集、时序分析、模型构建和模型检验四个部分开展。基于脱敏的手机移动应用定位信息，得到不同功能公共建筑以建筑为空间尺度的人数数据[253]。对数据开展时间序列分析，并基于分析结果构建人数预测模型。最后，提出模型检验的数学指标，比较所提出的模型和其他模型在人数预测方面的效果差异。总体的技术路线如图 3-29 所示。

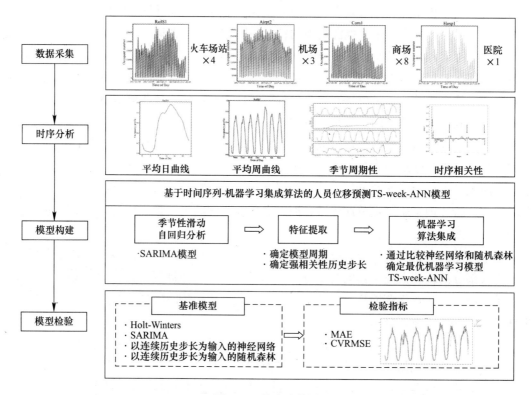

图 3-29　技术路线图

1. 数据采集

人员位移数据具有一定的隐私性，这为数据采集带来难度。近十年发展出多种多样的建筑中人员位移数据的采集识别方式，分为直接和间接两种。按照人员识别的数据来源可以分为三类：（1）基于环境参数[247,254]（如红外传感器、二氧化碳浓度、噪声信号等）；（2）基于录像视频[255]（如图像识别与定位）；（3）基于网络信息技术[250]（如 RFID、Wi-Fi信号、蓝牙、移动定位等）。

人员位移的识别研究为相关数据采集奠定基础，能够有效推动人员位移模拟和预测研究，也为基于人员位移的设计和运行工作带来更大的机遇。本研究所分析的数据来源于脱敏的手机移动应用的定位信息，从而获取建筑尺度，以 1h 为时间步长的人员位移数据，具体的建筑类型和时间跨度等信息请参见第 3.5.3 节第 1 条。

2. 时序分析

建筑中人员位移具有时序特征，对其开展如下分析，能够有效指导人员位移预测模型的构建，本研究所开展的时序分析包括：平均日、周曲线特征刻画，季节周期性分解和时序相关性分析，本节做详细说明。

(1) 平均日、周曲线特征刻画

传统设计用人员作息为假设的固定作息比例，往往不考虑工作日和节假日，以及周内各日之间的差异，本研究基于采集数据，对不同建筑类型的单栋建筑人数曲线进行刻画分析。首先按照日和周的分析窗口，逐单元对数据进行标准化，防止数据绝对值大小对结果的影响。实际使用阶段，即使是公共建筑，也存在建筑内始终有人员在室的情况，因此本研究采取 0-1 标准化，选取每日/每周最大人数值，对当日/周的逐时刻人数值作标准化处理，如式（3-41）：

$$X_S^{(i)} = \frac{X^{(i)}}{\max\limits_{i=1}^{k} X^{(i)}} \tag{3-41}$$

其中，$X^{(i)}$ 表示在 i 时刻的人数；$X_S^{(i)}$ 表示标准化之后 i 时刻的人数；k 表示标准化分析窗口大小，以小时为时间步长，逐日标准化则 $k=24$，逐周标准化则 $k=168$。

对于平均日曲线刻画，分工作日和节假日（包含周末和法定假日）进行平均值统计，对于周曲线，直接统计平均值，求出人员作息曲线。详细分析请参见第 3.5.3 节第 2 条。

(2) 季节周期性分解

由于存在日和周的工作节律，建筑中人员位移具有以日和周为单位的周期性，同时，建筑中人数存在随着时间变化的趋势，如火车站、机场存在随季节和节假日整体趋势的波动。因此，本研究引入时序分析的季节周期性分解，将人员数据分解为趋势项、周期项和随机项，如式（3-42）。随机项可视为去除周期和趋势因素所得的残差。

$$X^{(i)} = T^{(i)} + S^{(i)} + e^{(i)} \tag{3-42}$$

式（3-42）体现的趋势项、周期项和随机项为累加关系，其中，$T^{(i)}$ 代表趋势项，$S^{(i)}$ 代表周期项，$e^{(i)}$ 代表随机残差。

(3) 时序相关性分析

多数文献基于人员位移具有马氏性的假设开展研究，即当前时刻人数仅与上一时刻相关。实际上，通过时序相关性分析，当前时刻人数与若干步长之前的数据均具有一定的相关性，深入分析其物理相关规律，能够更有效指导预测模型构建。为此，本研究利用自相关系数（ACF）和偏自相关系数（PACF）分析人员位移的时序相关性。自相关系数为某时序数据与自身时间步长不同偏移步长下的数据之间的皮尔逊相关系数。偏自相关系数为去除其他步长数据的相关性影响，仅反映和偏移步长之间的相关性。自相关系数和偏自相关系数的结果能够指导滑动自回归时序模型的参数选取。

3. 模型构建

本研究在考虑人员位移的时间序列物理特性的基础上，构建基于时间序列和机器学习集成算法的建筑中人员位移预测模型。模型分为两部分：（1）基于季节性滑动平均自回归模型得到人员位移预测的有效输入变量；（2）与机器学习模型相结合，从而实现模型构建，进而提高模型的预测准确性。

（1）季节性滑动平均自回归模型

季节性滑动平均自回归模型（Seasonal Autoregressive Integrated Moving Average，SARIMA）由周期季节模型、自回归模型和滑动平均三个模型构成。对于时间序列数据 $\{X^{(t)}\}$，该模型可表述为 $SARIMA\ (p,\ d,\ q)\ (P,\ D,\ Q)_S$：

$$\Phi_P(B^S)\phi_p(B)(1-B^S)^D(1-B)^d X^{(t)} = \Theta_Q(B^S)\theta_q(B)Z^{(t)} \tag{3-43}$$

其中，B 是回溯间隔算子，其原理为：

$$B^k X^{(t)} = X^{(t-k)} \tag{3-44}$$

S 是周期，p 是非周期项的 AR 模型参数，P 是周期项对应参数：

$$\phi_p(B) = 1-\phi_1 B-\phi_2 B^2-\cdots-\phi_p B^p \tag{3-45}$$

$$\phi_P(B^S) = 1-\phi_1 B^S-\phi_2 B^{2S}-\cdots-\phi_P B^{PS} \tag{3-46}$$

d 是非周期项差分参数，D 是周期项差分参数；q 是非周期项的 MA 模型参数，Q 是周期项对应参数：

$$\theta_q(B) = 1+\theta_1 B+\theta_2 B^2+\cdots+\theta_q B^q \tag{3-47}$$

$$\Theta_Q(B^S) = 1+\Theta_1 B^S+\Theta_2 B^{2S}+\cdots+\Theta_Q B^{QS} \tag{3-48}$$

通常，为了避免模型过度复杂导致过拟合，在确定最优参数时需要兼顾简约准则：

$$p+d+q+P+D+Q\leqslant 6 \tag{3-49}$$

同时，采用 AIC 作为损失函数确定最优参数组合：

$$AIC = 2k+n\ln\frac{RSS}{n} \tag{3-50}$$

其中，k 是模型中待定参数个数，n 是观测数据的个数，RSS 是残差平方和。

由此，基于对位移时序数据的特征分析，利用季节性滑动自回归模型，确定关键参数，可以获得强相关的历史步长数据，作为特征提取，与机器学习算法集成，实现模型构建。

（2）机器学习算法集成

面向人员位移预测，需要选择监督式机器学习算法。本研究选择神经网络算法和随机森林两种算法，比较其与时间序列分析集成的预测效果，从而确定最优的预测模型形式。

神经网络模型示意如图 3-30 所示，输入数据节点经由激活函数（本研究利用 ReLU 作为激活函数）输入至神经网络，在每一层神经网络节点的权重系数和偏差值的运算之后，得到输出。经过反向传播的模型参数训练，得到优化后的模型。随机森林模型示意如图 3-31 所示，从原始数据集中随机选取部分样本数据训练一棵决策树，由此重复多次，得到数量为 n 的决策树，对于预测回归的应用场景，选取均值得到随机森林的输出结果。这种方式避免了单棵决策树过拟合的问题。

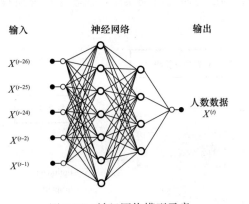

图 3-30　神经网络模型示意　　　　图 3-31　随机森林模型示意

基于时序分析的神经网络或随机森林模型，均需要确定超参数，做参数调优，预测模型的最终效果与参数调优的方法和过程具有较强的关联。本研究中神经网络和随机森林模型参数调优的初始设定见表 3-11 和表 3-12。其中，神经网络模型中，神经元丢弃率可以一定程度避免模型过拟合；随机森林模型中，特征数最大值，若为"auto"，则选取所有特征，若为"sqrt"，则选取特征总数的平方根。

由于参数组合数较多，随机选取适量的参数组合实现寻优。神经网络在 2 或 3 层神经元结构时，分别选取 1000 组参数寻优，而随机森林模型则在整体参数组合中随机选取 3000 组参数寻优。

由此，通过季节性滑动平均自回归模型，为机器学习算法完成特征提取，比较时序分析周期和机器学习算法组合得到的预测结果，确定最优的人员位移预测模型（图 3-32）。

神经网络参数寻优组合　　　　　　　　　　　　　　表 3-11

参数	代码表示	参数范围
神经网络层数	ls	$[1, 2, 3]$
单层神经元个数	ns	$[1, 2, 3, \cdots, 128]$
优化器	optimizer	$['RMSprop', 'Adam']$
神经元丢弃率	dropout	$[0, 0.1, 0.2, \cdots, 0.6]$

随机森林参数寻优组合　　　　　　　　　　　　　　表 3-12

参数	代码表示	参数范围
决策树个数	n_estimators	$[10, 20, \cdots, 100]$
树最大深度	max_depth	$[10, 20, \cdots, 100]$
分节点最小样本数	min_samples_split	$[2, 4, \cdots, 10]$
叶节点最小样本数	min_samples_leaf	$[1, 3, \cdots, 9]$
考虑特征数最大值	max_features	$['auto', 'sqrt']$

4. 模型检验

选取 Holt-Winters 模型和 SARIMA 模型，以及以连续步长历史数据为输入的神经网络和以连续步长历史数据为输入的决策树模型作为已有研究所提模型，比较本研究所提模型和已有研究预测建筑内人数的准确性的表现。

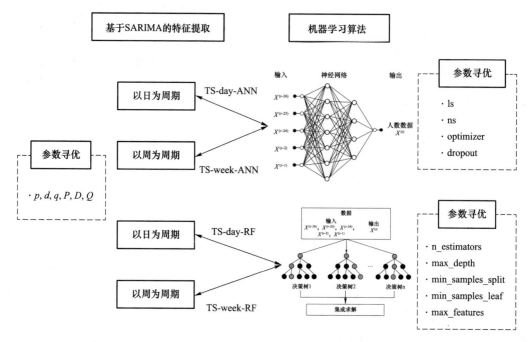

图 3-32　基于时间序列—机器学习集成算法选定最优模型形式的示意图

采取逐点的准确性计算方法进行模型检验，检验指标选取平均绝对值误差（*MAE*）[式（3-51）] 和标准化均方根误差（*CVRMSE*）[式（3-51）]：

$$MAE = \frac{1}{N}\sum_{t=1}^{N}|X^{(t)} - \hat{X}^{(t)}| \tag{3-51}$$

$$CVRMSE = \frac{RMSE}{\overline{X^{(t)}}} \tag{3-52}$$

$$RMSE = \sqrt{\frac{1}{N}\sum_{i=1}^{N}(X^{(t)} - \hat{X}^{(t)})^2} \tag{3-53}$$

3.5.3　案例分析

1. 案例数据信息

选取 16 栋公共建筑开展人员位移预测研究。建筑类型包括火车站（高铁站）、机场、商场和医院（表 3-13），所采集的数据时间跨度从 2015 年 12 月至 2017 年 9 月，时间步长为 1h。

选取 2017 年 1 月的原始数据得到如图 3-33 所示结果。由于 2017 年 1 月 27 日为除夕，因此在最后一周人数明显减少。机场在夜间普遍有较多的人员在室，与火车站和商场的特征有区别。医院由于有急诊，因此也存在夜间有一定人员在室的情况，同时医院因有周末休息，人数在周中和周末的差别较大。

研究案例建筑类型分布   表 3-13

编号	建筑名称	功能类型	编号	建筑名称	功能类型
1	RailS1		9	Com2	
2	RailS2		10	Com3	
3	RailS3	火车站	11	Com4	
4	RailS4		12	Com5	商场
5	Airpt1		13	Com6	
6	Airpt2	机场	14	Com7	
7	Airpt3		15	Com8	
8	Com1	商场	16	Hosp1	医院

2. 时序分析

对数据集进行第 3.5.2 节第 2 条所述时序分析，结果如下：

（1）平均日、周曲线特征刻画

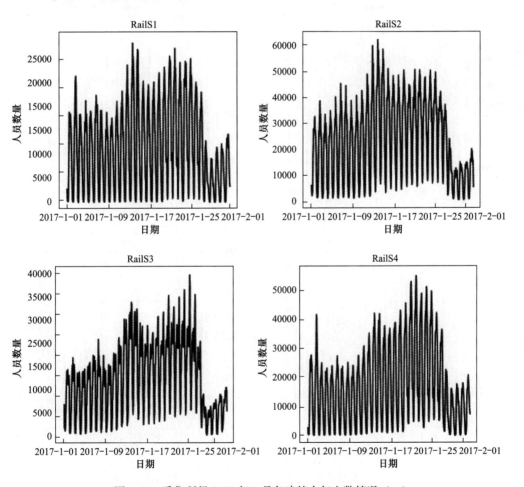

图 3-33 采集所得 2017 年 1 月各建筑全年人数情况（一）

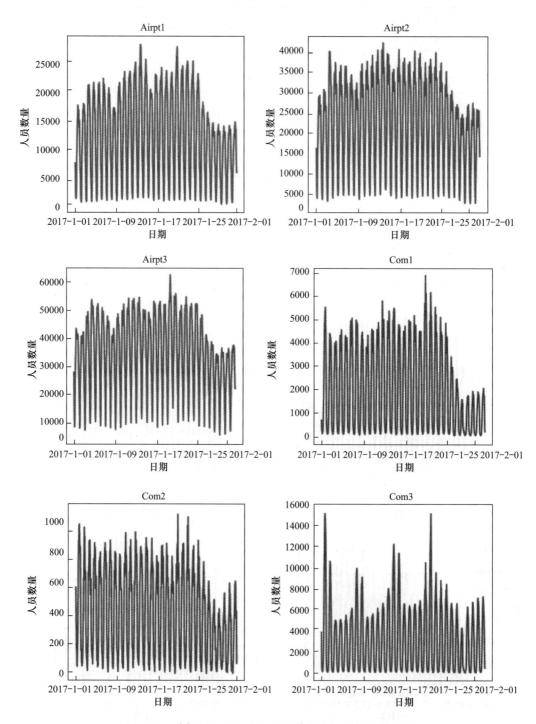

图 3-33　采集所得 2017 年 1 月各建筑全年人数情况（二）

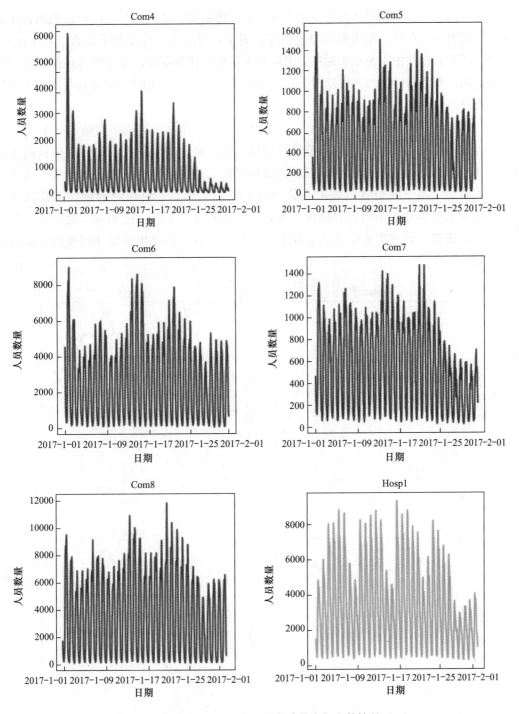

图 3-33　采集所得 2017 年 1 月各建筑全年人数情况（三）

　　图 3-34 所示为不同类型建筑的工作日和节假日的人员作息平均日典型曲线。以一日为单位刻画建筑内人数，主要分为人数上升、人数稳定和人数下降阶段。火车站和商场在节假日，人数上升有较为明显的时滞延后，而对于机场，人数上升阶段反而有提前的趋势，医院则没有显著差异。对于下降阶段，机场的节假日相较于普通工作日有显著的延后

趋势，分析这与节假日利用飞行旅游的人数有增加的趋势，且推测与不同时段机票价格差异相关，而对于火车站，车次和车票价格相对固定，因此这一现象并不显著。对于商场，有4个商场建筑存在中午至下午时段，节假日人员作息比例明显高于工作日，推测该现象由该类商场的购物属性更加主导所致。而对于医院，节假日晚上时段和凌晨时段的人数均高于工作日时段。

利用相类似的方法分析不同类型以周为单位的人员作息平均周典型曲线（图3-35）。不同类型建筑以周为单位的平均典型曲线特征具有一定的差异。由于以周为单位的人数最大值作为依据进行数据标准化，因此该曲线可以反映典型周的人数相关关系。火车站周五的人数显著高于其他日，周末人数稍高于周一至周四；机场则为周中人数高于周末；商场人数整体趋势为周末人数高于周五，周五人数高于周一至周四；而由于医院的工作安排，医院人数在周中显著高于周末。由此可以有效指导建筑设计以及设备运行策略的制定。

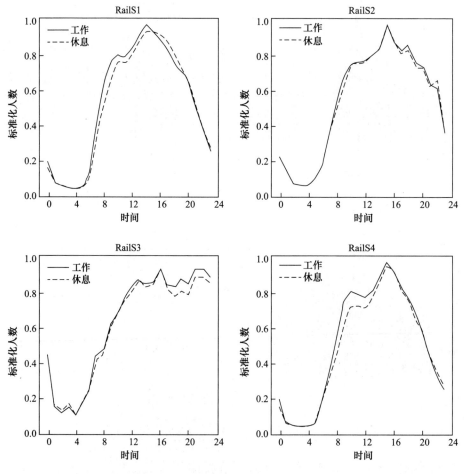

图 3-34　人员作息平均日典型曲线（一）

注：实线为工作日，虚线为节假日。

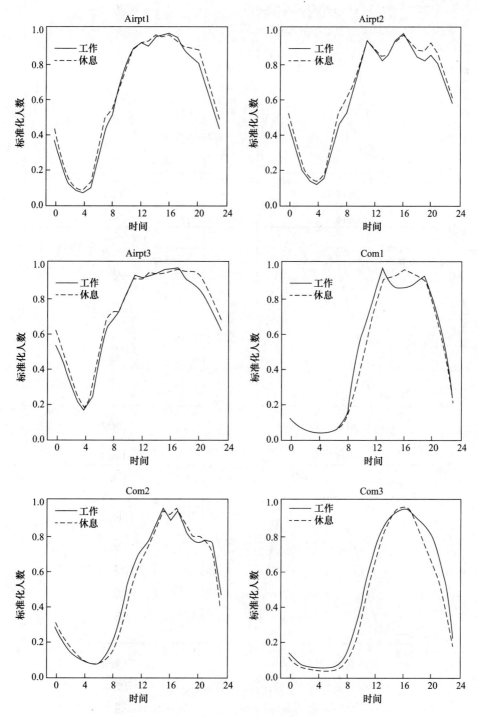

图 3-34　人员作息平均日典型曲线（二）

注：实线为工作日，虚线为节假日。

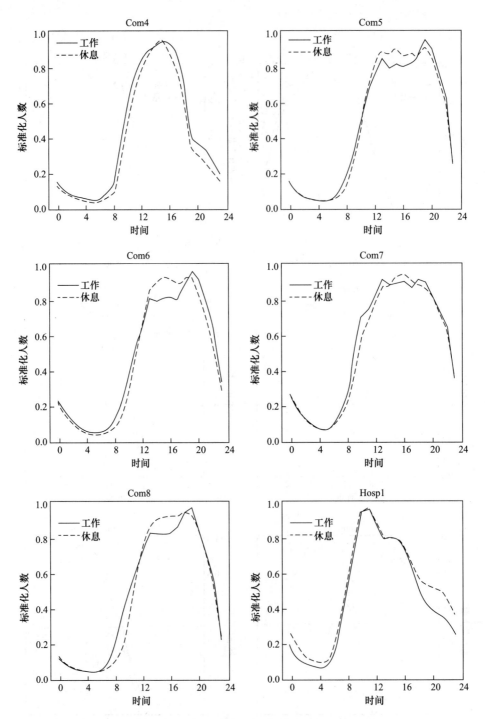

图 3-34　人员作息平均日典型曲线（三）

注：实线为工作日，虚线为节假日。

（2）季节周期性分解

图 3-36 以商场（Com3）为例，对一周的人数进行季节周期性分解。基于该分析同样得到人员作息以日为周期重复的特征，同时趋势项能够有效反映一周内各日之间的人员总

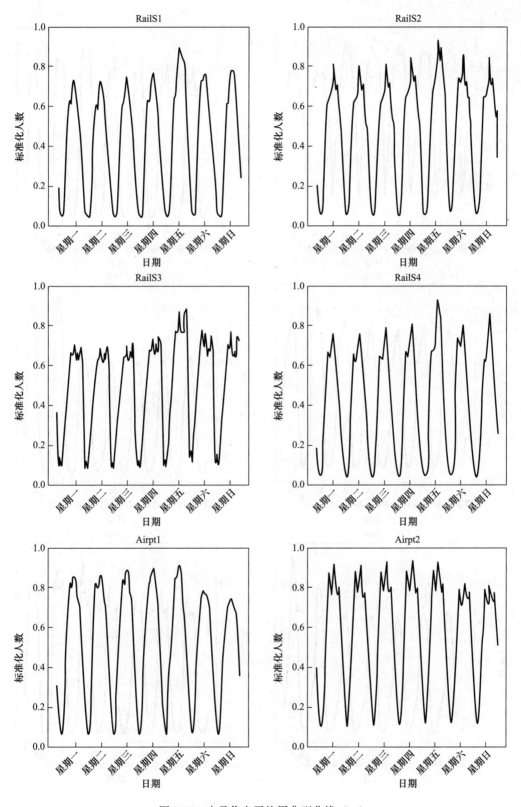

图 3-35　人员作息平均周典型曲线（一）

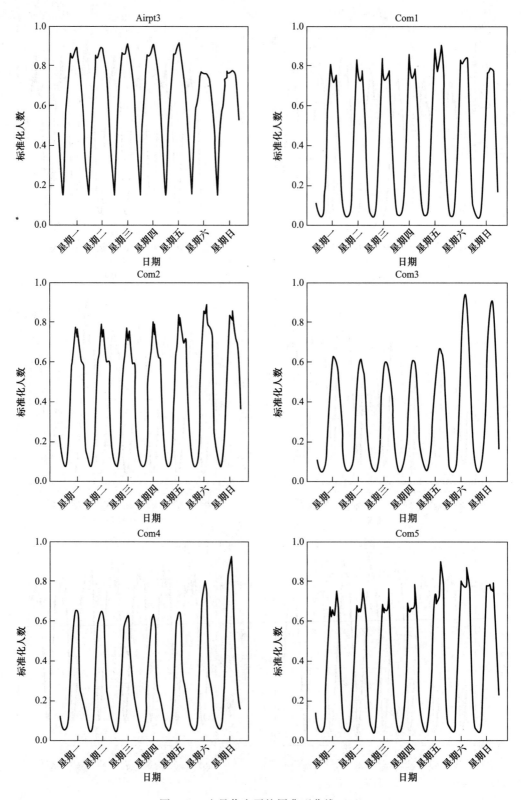

图 3-35　人员作息平均周典型曲线（二）

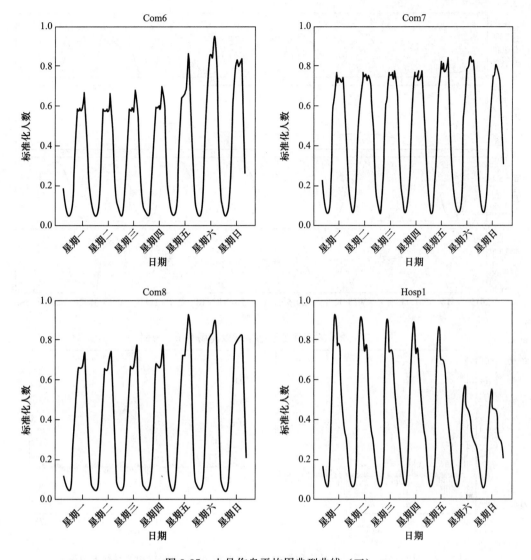

图 3-35　人员作息平均周典型曲线（三）

数差异。周期性分解的结果是时序预测模型 Holt-Winters 的基础。

（3）时序相关性分析

同样，以商场（Com3）为例，分析人数数据的时序相关特性。对于不同周期特性的数据，可先对数据作一阶差分，以日周期为例，作一阶差分如下：

$$\text{diff}(X^{(t)}) = X^{(t)} - X^{(t-24)} \tag{3-54}$$

结果如图 3-37 和图 3-38 所示。建筑中人数数据的相关特征随着偏移时间步长，同样具有周期特性，通过偏自相关系数的分析，能够得到与当前时间步长相关性更强的时间步长。对于日周期的分析结果，偏移步长为 1d、2d 和 3d 的数据具有强相关性，对于以一周为周期的结果，偏移步长为 1 周、2 周和 3 周的数据，同样具有强相关性，这为后续模型构建奠定了基础。

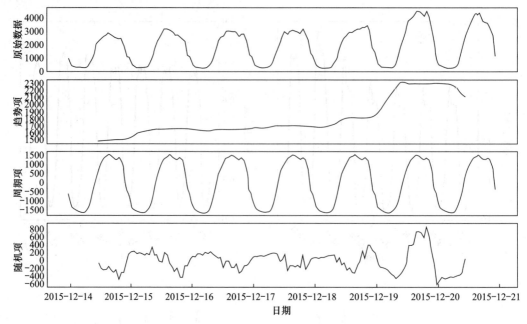

图 3-36　季节周期性分解结果（以商场 Com3 为例）

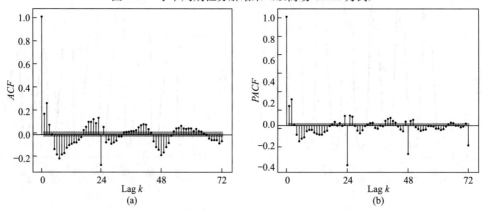

图 3-37　时间序列分析（以日为周期的自相关系数 ACF 和偏自相关系数 PACF）

(a) ACF；(b) PACF

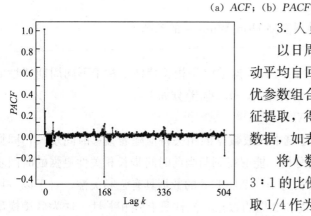

图 3-38　时间序列分析（以周为
周期的偏自相关系数 PACF）

3. 人员位移预测结果

以日周期为例，对 16 座建筑作季节性滑动平均自回归模型（SARIMA）分析，确定最优参数组合，由此实现人员位移预测模型的特征提取，得到可作为模型输入的强相关性历史数据，如表 3-14 所示。

将人数数据的输入特征与输出数据按照 3∶1 的比例分为训练集与测试集，训练集中选取 1/4 作为验证集，由此训练不同建筑中的人数预测模型。限于篇幅，本节仅以商场（Com3）为例，总结不同模型的最优参数组合（表 3-15

和表 3-16)。

SARIMA 模型所得最优模型参数与用于人数预测的特征　　　　表 3-14

编号	建筑名称	SARIMA 系数							提取特征
		p	d	q	P	D	Q	S	
1	RailS1	1	1	1	2	0	1		50-48 (2d)、26-24 (1d)、2、1
2	RailS2	1	1	0	2	0	1		50-48 (2d)、26-24 (1d)、2、1
3	RailS3	1	1	1	2	0	1		50-48 (2d)、26-24 (1d)、2、1
4	RailS4	1	1	0	2	0	1		50-48 (2d)、26-24 (1d)、2、1
5	Airpt1	1	1	1	1	0	1		50-48 (2d)、26-24 (1d)、2、1
6	Airpt2	1	1	1	1	0	1		26-24 (1d)、2、1
7	Airpt3	1	1	2	0	1	1		26-24 (1d)、2、1
8	Com1	1	1	1	1	0	1	1d	50-48 (2d)、26-24 (1d)、2、1
9	Com2	1	1	0	2	0	1		28-24 (1d)、4-1
10	Com3	3	1	2	1	0	1		26-24 (1d)、2、1
11	Com4	2	1	2	2	1	1		75-72 (3d)、51-48 (2d)、27-24 (1d)、3-1
12	Com5	1	1	2	1	0	1		26-24 (1d)、2、1
13	Com6	3	1	2	0	1	1		28-24 (1d)、4-1
14	Com7	2	1	1	1	0	1		27-24 (1d)、3-1
15	Com8	3	1	0	1	0	1		28-24 (1d)、4-1
16	Hosp1	1	1	2	2	0	1		50-48 (2d)、26-24 (1d)、2、1

TS-神经网络模型参数调优结果（以商场 Com3 为例）　　　　表 3-15

参数	以日为周期	以周为周期
神经网络层数	2	2
神经元个数	(79, 104)	(128, 60)
优化器	'RMSprop'	'Adam'
神经元丢弃率	0	0.2

TS-随机森林模型参数调优结果（以商场 Com3 为例）　　　　表 3-16

参数	以日为周期	以周为周期
决策树个数	90	100
树最大深度	80	90
分节点最小样本数	2	2
叶节点最小样本数	1	1
考虑特征数最大值	'sqrt'	'sqrt'

　　比较表 3-17 所示 4 种模型形式的预测效果，得到最优的人数预测模型形式。通过比较，基于时间序列分析所提取的特征，神经网络在人员预测方面的准确性普遍偏高，且以周为周期的数据更有利于提升人员预测的准确性。由此，本研究将 TS-week-ANN 模型作

为最优的建筑中人数预测模型，并与基准模型比较预测效果。

确定最优人数预测模型形式 (*CVRMSE* 指标)　　　　表 3-17

建筑名称	基于时间序列-机器学习集成算法预测模型形式				最优模型
	TS-day-ANN	TS-week-ANN	TS-day-RF	TS-week-RF	
RailS1	0.101	0.090	0.151	0.153	TS-week-ANN
RailS2	0.115	0.082	0.115	0.136	TS-week-ANN
RailS3	0.102	0.095	0.107	0.130	TS-week-ANN
RailS4	0.077	0.082	0.118	0.126	TS-day-ANN
Airpt1	0.063	0.060	0.123	0.113	TS-week-ANN
Airpt2	0.055	0.049	0.123	0.130	TS-week-ANN
Airpt3	0.056	0.050	0.088	0.100	TS-week-ANN
Com1	0.097	0.084	0.206	0.155	TS-week-ANN
Com2	0.189	0.125	0.168	0.168	TS-week-ANN
Com3	0.113	0.085	0.123	0.134	TS-week-ANN
Com4	0.133	0.133	0.156	0.149	TS-week-ANN
Com5	0.175	0.148	0.170	0.156	TS-week-ANN
Com6	0.093	0.089	0.125	0.107	TS-week-ANN
Com7	0.177	0.169	0.153	0.150	TS-week-RF
Com8	0.091	0.077	0.153	0.120	TS-week-ANN
Hosp1	0.076	0.094	0.145	0.165	TS-day-ANN

将 TS-week-ANN 模型的人数预测效果，按照不同 *CVRMSE* 值，选取 RailS2 (*CVRMSE*＝0.082)、Airpt2 (*CVRMSE*＝0.049)、Com5 (*CVRMSE*＝0.148) 和 Hosp1 (*CVRMSE*＝0.094) 四个建筑，绘制一周的最优模型的预测效果，如图 3-39 所示。Airpt2 的预测效果最佳，能实现人数上升、下降以及较大值等特征的预测，Com5 的预测效果最差，在该周第一、三天的第一个人数上升段预测出现较大偏差，在第二天的第二个人数尖峰值的预测出现较大偏差，仍有优化空间。

4. 预测模型对比分析

将模型与第 3.5.2 节第 4 条所述已有研究的模型进行比较，按照 *CVRMSE* 进行评价，得到如图 3-40 和表 3-18 所示结果。Holt-Winters 方法预测结果中会受历史随机项影响产生异常大值，因此 Airpt2 和 Airpt3 的 *CVRMSE* 均大于 1。

通过准确度和人数预测结果（图 3-41）的对比分析，所对比的已有研究的模型包括 Holt-Winters，SARIMA 和 RF 在人数上升和下降时段的预测结果均存在时间相位的偏差，ANN 在部分建筑出现相同的问题；此外，Holt-Winters 模型和 SARIMA 模型均不同程度出现了异常大的错误预测值。原因在于 Holt-Winters 和 SARIMA 的时序分析依赖于训练集中所有连续历史数据，其为线性结构，因此易受到历史随机项的影响。针对基于时间序列分析的机器学习集成算法，TS-RF 模型没有体现出优势，原因为其在模型训练过程

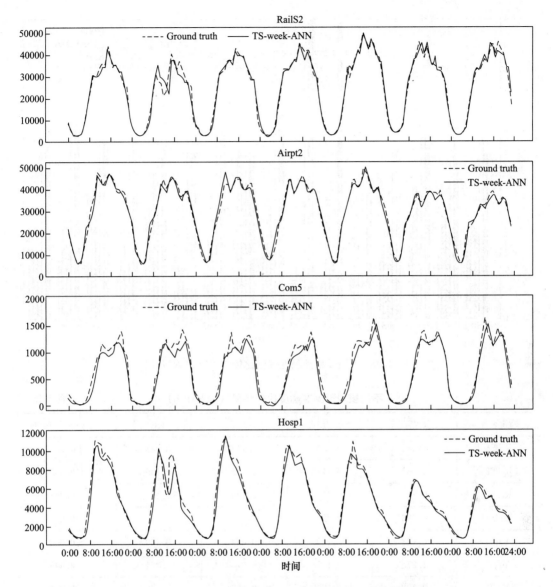

图 3-39 基于时间序列-机器学习集成算法的人数预测结果

会将时间序列分析所提取的特征作随机筛选,影响预测准确度,而 TS-ANN 则将时序分析提取的特征作关联,同时利用激活函数将非线性因素引入模型,获得较好的准确度。因此,本书提出的 TS-week-ANN 模型,能够在时间相位和人数最大值的预测方面有更好的效果。除 Hosp1 外,在其余各个建筑中,TS-week-ANN 模型均表现最优。下一步仍需分析其他时刻、节假日以及事件等因素,进一步提高模型的准确度。

3.5.4 小结

在建筑节能减排和低碳发展的背景下,人员位移预测对建筑设备运行与能源管理的重要性尤为凸显,有效的人员位移预测能够为可再生能源利用和分配提供优化思路。由于人员位移随机性、不确定性和多样性等特征,预测未来时段的人员位移是人行为研究的一大挑战。

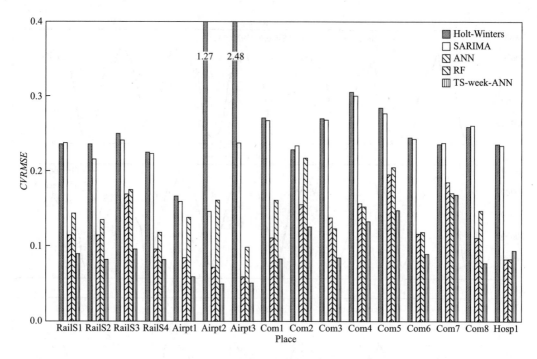

图 3-40　不同模型预测准确度比较结果（*CVRMSE*）

不同模型预测准确度比较结果（*CVRMSE*）　　　　表 3-18

建筑名称	Holt-Winters	SARIMA	ANN	RF	TS-week-ANN
RailS1	0.236	0.237	0.114	0.143	**0.090**
RailS2	0.236	0.217	0.115	0.135	**0.082**
RailS3	0.250	0.242	0.170	0.176	**0.095**
RailS4	0.226	0.225	0.097	0.118	**0.082**
Airpt1	0.168	0.160	0.084	0.139	**0.060**
Airpt2	1.275	0.147	0.070	0.161	**0.049**
Airpt3	2.483	0.126	0.059	0.098	**0.050**
Com1	0.272	0.268	0.112	0.160	**0.084**
Com2	0.228	0.234	0.156	0.219	**0.125**
Com3	0.271	0.270	0.139	0.124	**0.085**
Com4	0.306	0.301	0.158	0.154	**0.133**
Com5	0.284	0.278	0.196	0.206	**0.148**
Com6	0.245	0.244	0.117	0.119	**0.089**
Com7	0.234	0.234	0.186	0.172	**0.169**
Com8	0.259	0.262	0.111	0.148	**0.077**
Hosp1	0.235	0.234	**0.082**	0.082	0.094

注：最优结果加粗标出。

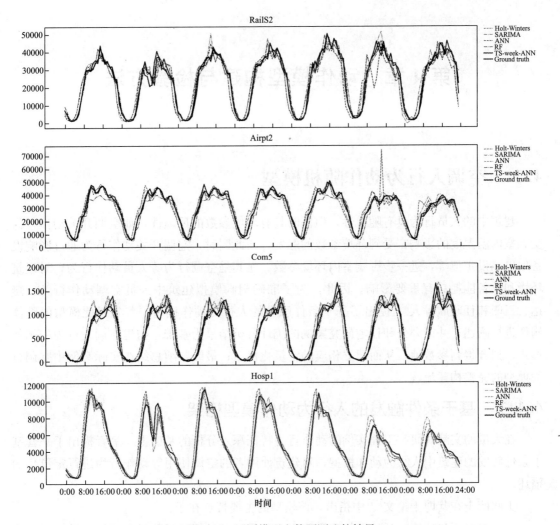

图 3-41　不同模型人数预测比较结果

　　通过文献调研，较少研究将人员位移的时间序列特征与预测模型构建相结合，因此本节提出了一种时间序列—机器学习集成算法的人员位移预测模型，并确定以周为周期的 TS-week-ANN 模型为最优的预测模型，该方法利用时间序列分析作特征提取，确定与当前时间步长数据具有强相关的历史数据，作为输入数据训练神经网络模型。基于 16 座不同建筑类型的公共建筑，通过 *MAE* 和 *CVRMSE* 指标对比本节提出的预测模型与基准模型的性能，结果表明本节提出的模型具有最优的准确度。同时，本模型可以避免预测结果时间相位的偏差和异常值预测结果的出现。

第 4 章　动作模型构建与检验方法

4.1　空调人行为动作随机模型

建筑中的人员行为具有随机性，但同时具有环境参数的反馈性，如空调开关动作行为受到室内温湿度的影响，受到环境参数的触发，与此同时，空调开关动作行为通过影响设备启停和设定值等，进一步影响室内环境参数。尤其是空调行为等人员动作行为，对建筑环境和设备能耗具有重要影响。因此，为了准确刻画模拟建筑中人员空调动作行为，燕达、王闯和任晓欣等人[31]提出了基于条件触发的人行为动作模型，首先对此模型的整体构架进行阐述；并以办公和住宅研究案例的统计分析结果为基础，构建空调人行为的函数形式，拟合得到参数值，从而建立相应的定量化模型；最终归纳总结在实际案例中空调行为模型的完整构建流程。

4.1.1　基于条件触发的人行为动作模型构架

在大量的文献调研、工程实例的动作行为特征深入分析的基础上，笔者提出了一套基于条件触发的建筑中人行为动作模型，对建筑使用者的空调使用等动作行为进行定量化的描述。

王闯博士在其博士论文[16]中指出，该模型的主要特点在于：

（1）以时间和环境一类的纯物理量作为自变量，通过概率函数对自变量与动作发生之间的相关关系进行描述，由概率判断动作是否发生；

（2）将实际中出现的触发条件转化为对若干项条件概率的计算，保证"条件触发"的概念具有直观的含义，同时也包含完备的数学形式作为基础；

（3）对于不同的触发条件建立相应的概率计算函数，保证其形式符合现实经验，且待定系数具备清晰明确的物理意义；

（4）对于不同动作行为的描述都具有良好的适应性及可扩充性。

该模型的基本思想如图 4-1 所示，在环境因素或事件等触发条件的作用下，基于现有的设备状态，产生动作行为的概率函数，通过随机过程判断动作的发生，进而对设备对象的状态产生改变，同时设备的启用等也会对环境因素等物理条件产生影响。

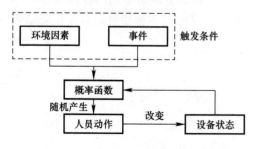

图 4-1　建筑中人行为动作模型基本思想

模型引入马氏性的特征，采用"无记忆性"的假设前提，即使用者动作的发生概率仅取决于当前时刻的系统状态，而与之前的系统状态无关[256]。基本的反应函数为：P_τ（对象状态的变化 A）＝F（系统状态 S_τ），由触发因素和当前设备状态产生概率函数，每一时刻人员动作发生的概率值即为当前设备对象状态转移矩阵中的相应项[150,257,258]。

模型中对于基础条件概率、反馈型条件概率、时间型条件概率、随机型条件概率等不同形式的触发条件对应的数学表达形式通过适当的方式进行描述[259]，并由此获得动作的触发条件表与整体描述形式。以住宅建筑空调使用行为为例，其触发条件表如表 4-1 所示。

住宅空调行为的触发条件表　　　　　　　　　　　　　表 4-1

动作	编号	模式	概率函数	特征参数
开空调	1	从不开	$P=0$	—
	2	觉得热时开	$P=\begin{cases}1-\mathrm{e}^{-\left(\frac{T-u}{L}\right)^k\Delta\tau}, & T\geqslant u \\ 0, & T<u\end{cases}$　当有人在室时	u, L, k；T 为室内温度；$\Delta\tau$ 为时间步长
	3	进门时开	$P=p$，当有人进入时	p
	4	进门觉得热时开	$P=\begin{cases}1-\mathrm{e}^{-c\left(\frac{T-u}{L}\right)^k}, & T\geqslant u \\ 0, & T<u\end{cases}$　当有人进入时	u, L, k, c；T 为室内温度
	5	睡前开	$P=p$，在睡觉前	p
	6	睡前觉得热时开	$P=\begin{cases}1-\mathrm{e}^{-c\cdot\left(\frac{T-u}{L}\right)^k}, & T\geqslant u \\ 0, & T<u\end{cases}$　在睡觉前	u, L, k, c；T 为室内温度
	7	饭前开	$P=p$，吃饭前	p
关空调	1	从不关	$P=0$	—
	2	离开房间时关	$P=1-\mathrm{e}^{-\left(\frac{t_{\mathrm{leave}}}{L}\right)^k}$，当离开房间时	L, k；t_{leave} 为离开时长
	3	离开家时关	$P=1-\mathrm{e}^{-\left(\frac{t_{\mathrm{leave}}}{L}\right)^k}$，当离开房间时	L, k；t_{leave} 为离开时长
	4	睡前关	$P=p$，在睡觉前	p
	5	入睡后关	$P=1-\mathrm{e}^{-\left(\frac{t_{\mathrm{sleep}}}{L}\right)^k}$，在入睡后	L, k；t_{sleep} 为入睡时长
	6	起床后关	$P=p$，当起床时	p
	7	饭后关	$P=p$，在吃饭后	p
	8	觉得冷时关	$P=\begin{cases}1-\mathrm{e}^{-\left(\frac{u-T}{L}\right)^k\Delta\tau}, & T\leqslant u \\ 0, & T>u\end{cases}$　当有人在室时	u, L, k；T 为室内温度；$\Delta\tau$ 为时间步长

由表 4-1 可见，由事件触发的完全随机性的概率函数采用固定概率值的方式进行描述，而随环境因素或时间长度变化的概率函数则以三参数韦伯分布累积函数[260]的变体形式进行描述。

该函数为分段函数形式，"阈值"参数 u 用以描述人员开始具有发生某一动作概率时的自变量参数值，在其一侧概率值恒为零，即代表在此自变量范围内，使用者不会发生某一动作，而在 u 值另一侧，概率值随自变量对 u 值的偏离呈 S 型增大，逐渐趋近于 1，这种变化规律与实测数据统计结果的变化趋势非常一致，因此能够对实际情况进行合理的描述。函数中的另外两个参数，L 表示"规模"的概念，用以对 $(x-u)$ 的值进行无量纲化；k 表示"斜率"的概念，用来描述概率曲线对于自变量的敏感程度，k 值越大，使用者对于该自变量因素越敏感，概率变化曲线越陡峭；c 为事件附加参数，表示在使用者的行为模式中，若既包含纯粹由环境因素影响的模式又包含事件与环境共同影响的模式（如"觉得热时开空调"和"进门觉得热了开空调"同时存在）时，可以假设该使用者受环境因素影响的基本感受不发生变化，两个模式之间的概率差别完全由事件因素引起，因此可以在纯粹由环境变量影响的模式函数上增加"事件附加参数 c"以对其影响进行描述，c 越大，表示该事件相对于环境因素的影响效果越大；$\Delta\tau$ 表示对连续时间离散化时的时间步长。这些参数值的多种变化使得该模型能够对不同的使用模式都具有很好的适应性和表达性。

总结起来，这种基于条件触发的动作模型采用随机过程形式，将时间和空间进行划分，对每一划分区间给予相应的条件概率表达式，随机判断动作行为的发生情况。这种条件概率模型与已有研究中其他人行为模型的相应特点对照如表 4-2 所示。可见，该模型对于建筑中人员的动作行为能够进行比较有效的描述和表达。

条件概率模型特征对照表

表 4-2

	固定作息	阈值模型	统计模型	随机模型	条件概率模型
随机性	无随机性	无随机性	随机模型	随机模型	随机模型
多样性	手动设置不同作息	设置不同温度阈值	视为整体进行统计	设置不同函数参数	设置不同函数参数
复杂性	不能表现	只受单一环境因素影响	受单一因素影响	受单一因素影响	受环境、事件等多因素共同作用
模型关注对象	设备状态	设备状态	设备状态	人对设备的动作	人对设备的动作
数学函数形式	固定值	阈值函数	统计回归（Logic 函数等）	统计回归（Logic 函数等）	条件概率

4.1.2 住宅研究案例的空调使用行为模型建立

以上述基于条件触发的人行为动作模型构架为基础，在办公及住宅研究案例中，由实际调研测试结果出发，建立相应的完整行为模型，是动作模型在实际案例中应用过程的核心部分。本节根据调研测试结果，对三户住宅案例的空调使用行为建立相应的模型进行描述。

1. 住户 1 的空调使用行为模型

住户 1 的客厅和卧室的空调使用模式都为"觉得热时开""觉得冷时关"，因此人员在室内时，只受室内温度的影响决定其开关空调动作的发生概率。因此可以建立相应的模型构架如下：

$$P_{\text{turn-on}} = \begin{cases} 1 - e^{-\left(\frac{T-u_1}{L_1}\right)^{k_1} \Delta \tau}, & \text{当有人在室时,同时 } T > u_1 \\ 0 & \text{,其他情况} \end{cases} \quad (4\text{-}1)$$

$$P_{\text{turn-off}} = \begin{cases} 1 - e^{-\left(\frac{u_2-T}{L_2}\right)^{k_2} \Delta \tau}, & \text{当有人在室时,同时 } T < u_2 \\ 0 & \text{,其他情况} \end{cases} \quad (4\text{-}2)$$

将住户 1 客厅实测的平时在室开空调的概率统计结果代入函数形式中进行拟合,可得拟合结果如图 4-2 所示。获得相应的函数参数值,以及拟合优度情况。

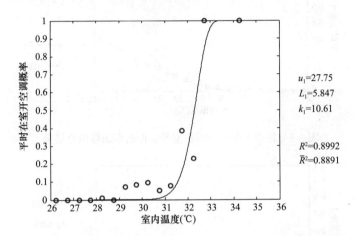

图 4-2　住户 1 客厅平时在室开空调概率函数拟合结果

对其平时在室关空调的概率函数进行类似的拟合过程,获得结果如图 4-3 所示。

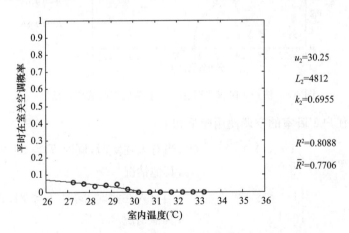

图 4-3　住户 1 客厅平时在室关空调概率函数拟合结果

由此,将参数代入模型构架,可得住户 1 客厅的空调使用行为模型如下:

$$P_{\text{turn-on}} = \begin{cases} 1 - e^{-\left(\frac{T-27.75}{5.847}\right)^{10.61} \times 10}, & \text{当有人在室时,同时 } T > 27.75 \\ 0 & \text{,其他情况} \end{cases} \quad (4\text{-}3)$$

$$P_{\text{turn-off}} = \begin{cases} 1 - e^{-\left(\frac{30.25-T}{4812}\right)^{0.6955} \times 10}, & \text{当有人在室时,同时 } T < 30.25 \\ 0 & \text{,其他情况} \end{cases} \quad (4\text{-}4)$$

类似地，对住户 1 的卧室空调使用行为模型进行函数拟合，其模型构架与客厅相同，但由概率统计点的不同可获得不同的函数参数。拟合得到住户 1 卧室平时在室开空调和关空调的函数拟合结果如图 4-4 和图 4-5 所示。

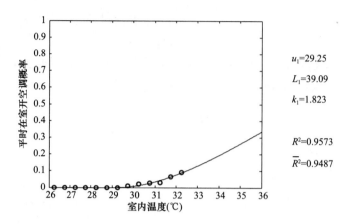

图 4-4　住户 1 卧室平时在室开空调概率函数拟合结果

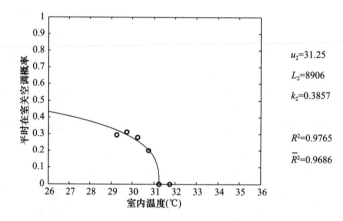

图 4-5　住户 1 卧室平时在室关空调概率函数拟合结果

由此，总结住户 1 卧室的空调使用模型如下：

$$P_{\text{turn-on}} = \begin{cases} 1 - e^{-\left(\frac{T-29.25}{30.09}\right)^{1.823} \times 10}, & \text{当有人在室时，同时 } T > 29.25 \\ 0, & \text{其他情况} \end{cases}$$

$$P_{\text{turn-off}} = \begin{cases} 1 - e^{-\left(\frac{31.25-T}{8906}\right)^{0.3857} \times 10}, & \text{当有人在室时，同时 } T < 31.25 \\ 0, & \text{其他情况} \end{cases}$$

2. 住户 2 的空调使用行为模型

住户 2 的客厅空调使用模式为"觉得热时开""人离开家时关""晚上睡觉前关"。其中开空调动作只与室内温度相关，而关空调的模型在"离开家"和"睡觉前"的事件发生时采用固定概率值描述。因此模型的构架如下：

$$P_{\text{turn-on}} = \begin{cases} 1 - e^{-\left(\frac{T-u_1}{L_1}\right)^{k_1} \Delta\tau}, & \text{当有人在室时，同时 } T > u_1 \\ 0, & \text{其他情况} \end{cases} \qquad (4-5)$$

$$P_{\text{turn-off}} = \begin{cases} p_{\text{leaving home}} & ,\text{离开家} \\ p_{\text{before sleeping}} & ,\text{睡觉前} \\ 0 & ,\text{其他情况} \end{cases} \quad (4\text{-}6)$$

将住户 2 客厅开空调的统计数据代入函数拟合，结果如图 4-6 所示。

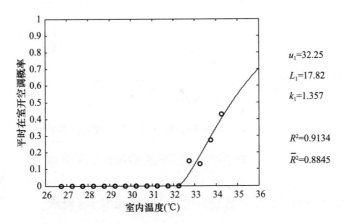

图 4-6　住户 2 客厅平时在室开空调概率函数拟合结果

其关空调的动作与"离开家"和"去睡觉"的事件相关，其概率统计值为：

$$p_{\text{leaving home}} = 1, \quad p_{\text{before sleeping}} = 1$$

因此，住户 2 客厅的空调使用行为模型为：

$$P_{\text{turn-on}} = \begin{cases} 1 - \mathrm{e}^{-\left(\frac{T-32.25}{17.82}\right)^{1.357} \times 10} & ,\text{当有人在室时，同时 } T > 32.25 \\ 0 & ,\text{其他情况} \end{cases} \quad (4\text{-}7)$$

$$P_{\text{turn-off}} = \begin{cases} 1, & \text{离开家} \\ 1, & \text{睡觉前} \\ 0, & \text{其他情况} \end{cases} \quad (4\text{-}8)$$

住户 2 的卧室空调使用模式为"睡觉前觉得热时开""人离开卧室时关""起床后关"。开空调模型采用以室内温度为自变量，只在"去睡觉"事件发生时产生的概率函数进行描述；关空调模型采用"早上起床时""午后起床时"和"离开房间时"产生的固定概率值进行描述。以此得到模型构架如下：

$$P_{\text{turn-on}} = \begin{cases} 1 - \mathrm{e}^{-\left(\frac{T-u_1}{L_1}\right)^{k_1}} & ,\text{当有人在室时，同时 } T > u_1 \\ 0 & ,\text{其他情况} \end{cases} \quad (4\text{-}9)$$

$$P_{\text{turn-off}} = \begin{cases} p_{\text{getting up in the morning}} & ,\text{早上起床时} \\ p_{\text{getting up in the afternoon}} & ,\text{午后起床时} \\ 1 - \mathrm{e}^{-\left(\frac{t_{\text{leave}}}{L_2}\right)^{k_2}} & ,\text{离开房间时} \\ 0 & ,\text{其他情况} \end{cases} \quad (4\text{-}10)$$

对卧室开空调的统计数据进行函数拟合，得到结果如图 4-7 所示。

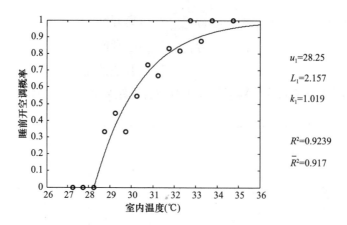

图 4-7 住户 2 卧室睡前开空调概率函数拟合结果

住户 2 卧室早上和午后起床关空调的固定概率值统计结果分别为：

$$p_{\text{getting up in the morning}} = 1, \quad p_{\text{getting up in the afternoon}} = 0.447$$

对离开房间时关空调的概率函数进行拟合，结果如图 4-8 所示。

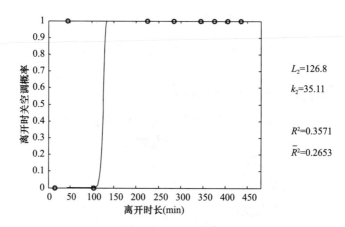

图 4-8 住户 2 卧室离开时关空调概率函数拟合结果

因此，可以得到住户 2 卧室的空调使用行为模型如下：

$$P_{\text{turn-on}} = \begin{cases} 1 - e^{-\left(\frac{T-28.25}{2.157}\right)^{1.019}}, & \text{睡觉前，并且 } T > 28.25 \\ 0, & \text{其他情况} \end{cases} \quad (4\text{-}11)$$

$$P_{\text{turn-off}} = \begin{cases} 1, & \text{早上起床时} \\ 0.447, & \text{午后起床时} \\ 1 - e^{-\left(\frac{t_{\text{leave}}}{126.8}\right)^{35.11}}, & \text{离开房间} \\ 0, & \text{其他情况} \end{cases} \quad (4\text{-}12)$$

3. 住户 3 的空调使用行为模型

住户 3 客厅的空调使用模式为"饭前开""饭后关"。因此其开关空调的动作只受"用餐"行为的影响。采用在饭前和饭后分别产生的固定概率值来描述开空调和关空调动作的发生概率。其模型构架如下：

$$P_{\text{turn-on}} = \begin{cases} p_{\text{before lunch}}, \text{午饭前} \\ p_{\text{before super}}, \text{晚饭前} & p_{\text{after lunch}} = 1, \quad p_{\text{after super}} = 1 \\ 0 \qquad\quad, \text{其他情况} \end{cases} \tag{4-13}$$

$$P_{\text{turn-off}} = \begin{cases} p_{\text{after lunch}}, \text{午饭前} \\ p_{\text{after super}}, \text{晚饭前} \\ 0 \qquad\quad, \text{其他情况} \end{cases} \tag{4-14}$$

以上四个固定概率值的统计结果为：

$$p_{\text{before lunch}} = 0.081, \quad p_{\text{before super}} = 0.161$$

因此，可获得住户 3 客厅的空调使用行为模型如下：

$$P_{\text{turn-on}} = \begin{cases} 0.081, \text{午饭前} \\ 0.161, \text{晚饭前} \\ 0 \qquad, \text{其他情况} \end{cases} \tag{4-15}$$

$$P_{\text{turn-off}} = \begin{cases} 1, \text{午饭前} \\ 1, \text{晚饭前} \\ 0, \text{其他情况} \end{cases} \tag{4-16}$$

住户 3 卧室的空调使用行为模式为"睡前觉得热时开""入睡后一段时间后关"。因此开空调模型采用与住户 2 卧室相同的构架形式；关空调模型采用以入睡后时间长度为自变量的概率函数进行描述。其模型构架如下：

$$P_{\text{turn-on}} = \begin{cases} 1 - e^{-\left(\frac{T-u_1}{L_1}\right)^{k_1}}, \text{睡觉前，并且 } T > u_1 \\ 0 \qquad\qquad\quad, \text{其他情况} \end{cases} \tag{4-17}$$

$$P_{\text{turn-off}} = \begin{cases} 1 - e^{-\left(\frac{t_{\text{sleep}}}{L_2}\right)^{k_2}}, \text{睡觉后} \\ 0 \qquad\qquad\quad, \text{其他情况} \end{cases} \tag{4-18}$$

对卧室睡前开空调的统计结果进行函数拟合，结果如图 4-9 所示。

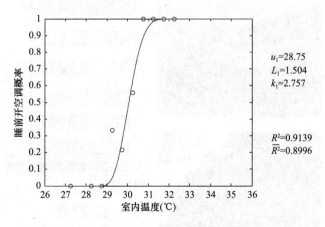

图 4-9 住户 3 卧室睡前开空调概率函数拟合结果

对入睡后关空调的概率统计结果进行函数拟合，如图 4-10 所示。

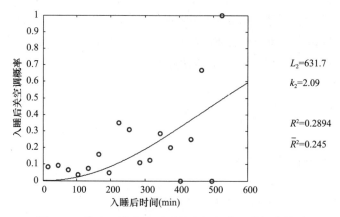

图 4-10　住户 3 卧室入睡后关空调概率函数拟合结果

将拟合得到的参数代入模型构架，得到住户 3 的完整空调使用行为模型如下：

$$P_{\text{turn-on}} = \begin{cases} 1 - e^{-\left(\frac{T-28.75}{1.504}\right)^{2.757}}, & \text{睡觉前，并且 } T > 28.75 \\ 0, & \text{其他情况} \end{cases} \quad (4\text{-}19)$$

$$P_{\text{turn-off}} = \begin{cases} 1 - e^{-\left(\frac{t_{\text{sleep}}}{631.7}\right)^{2.09}}, & \text{睡觉后} \\ 0, & \text{其他情况} \end{cases} \quad (4\text{-}20)$$

4.2　空调人行为在区域供冷系统研究中的应用

4.2.1　案例介绍

本研究案例为位于河南省灵宝市的一个住宅小区。该住宅小区于 2009 年落成，小区建筑面积为 4.12 万 m^2，占地面积为 2.79 万 m^2。小区内共有 12 栋住宅楼，每栋楼 5 层，住户总数为 294 户。建筑外观及小区内建筑及机房的位置情况如图 4-11 所示。建筑基本

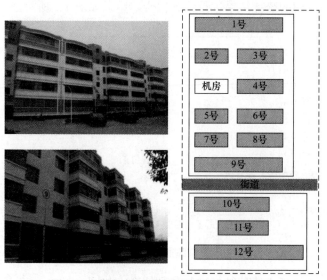

图 4-11　住宅小区局部图及平面布置示意图

信息见表 4-3。该小区用户的空调末端为风机盘管形式，水侧装有调节阀，采用水源热泵系统作为供冷方式。区域供冷系统主要包括 3 台同容量的热泵机组、3 台循环泵及 3 台潜水泵。水系统形式采用一次泵变流量系统，水泵的变频范围为 30～50Hz。

关键建筑信息

表 4-3

建筑信息		数值
建筑层数		5
小区用户数		294
占地面积（万 m²）		2.80
建筑面积（万 m²）		4.12
平均窗墙比		0.5
平均外墙面积（m²/楼）		1971
围护结构性能［W/（m²·K）］	外墙	1.84
	窗	2.5
	屋顶	0.6

4.2.2 计算模型介绍

1. 空调使用条件概率模型

基于已有的测试和研究[1,2]，采用降阶的空调使用概率模型对空调行为进行定量描述。该模型由 3 个部分组成：空调开启模型、空调关闭模型及空调设定温度模型。

空调开启模型为环境触发模型，在这类模型中触发因素为室内温度情况。采用降阶的离散威布尔累积函数来表征空调开启的概率特征。该概率模型为如下形式：

$$P_{on} = \begin{cases} 1 - e^{-(x-u)^k}, & x \geqslant u, \text{当房间有人时} \\ 0, & x < u \end{cases} \tag{4-21}$$

式（4-21）中，P_{on} 为空调开启概率；x 为室内温度，℃；u，k 为公式参数，具体数值与人员的需求特征有关。

空调关闭模型为事件触发模型，空调关闭的概率与时间点相关。类似地，该模型具有如下形式：

$$P_{off} = \begin{cases} 1 - e^{-(t-m)^n}, & t \geqslant m \\ 0, & t < m \end{cases} \tag{4-22}$$

式（4-22）中，P_{off} 为空调的关闭概率；t 为一天中的时间点，$t \in [0, 24]$；m，n 为公式参数，具体数值与人员的使用特征有关。

空调设定温度模型为正态分布模型，其表示为：

$$P_{on} = \begin{cases} 1 - e^{-(x-u)^k}, & x \geqslant u \\ 0, & x < u \end{cases} \quad P_t = \frac{1}{\sigma \sqrt{2\pi}} e^{\frac{(T-u)^2}{2\sigma^2}} \tag{4-23}$$

式（4-22）中，P_t 为设定温度为 T 的概率；T 为设定温度，℃；μ，σ 为公式参数，其具体数值同样与人员的需求特征相关。

2. 典型空调使用模式

于 2012 年 7 月 11 日 19：00～7 月 14 日 19：00 期间对该住宅小区住户的室内温度及

空调使用方式展开调研测试，小区内住户的空调使用方式主要可以分为三类，见表4-4。

典型空调使用模式 表 4-4

空调使用模式	P_{on}	P_{off}	P_t
A	$\begin{cases} 1-e^{-(x-29)^{2.5}}, & x \geqslant 29 \\ 0, & x < 29 \end{cases}$	$\begin{cases} 1-e^{-(t-23)^{10}}, & t \geqslant 23 \\ 0, & t < 23 \end{cases}$	$\dfrac{1}{0.5\sqrt{2\pi}}e^{\frac{(T-27)^2}{0.5}}$
B	$P_{on}=1$，当室内有人时	$P_{off}=1$，当室内无人时	$\dfrac{1}{0.5\sqrt{2\pi}}e^{\frac{(T-26)^2}{0.5}}$
C	$P_{on}=1$	$P_{off}=0$	$\dfrac{1}{0.5\sqrt{2\pi}}e^{\frac{(T-24)^2}{0.5}}$

3. 空调使用条件概率模型与建筑能耗计算模型的耦合

空调使用条件概率模型进一步与建筑能耗模拟模型耦合，从而反映空调行为与室内环境参数的相互作用。每个房间对应一类典型人，进而分配对应的典型空调使用模式，根据相应的空调使用模式确定空调使用条件概率模型的具体公式及对应参数。空调使用条件概率模型与建筑能耗计算模型的耦合方式如图4-12所示。在每个时间步长下，首先生成一个随机数，该随机数在[0,1]范围内满足均匀分布。将此随机数、环境参数及用户在室内情况带入空调使用条件概率模型中，计算得到该时刻空调的启停状态及房间的设定温度。将这些计算结果作为建筑能耗模拟软件 DeST 的输入参数，进而完成相应的室内环境参数、冷热负荷及能耗计算。计算结果中的环境参数又作为空调使用条件概率模型的输入参数，结合人员的在室情况，从而完成下一时间步长的计算。

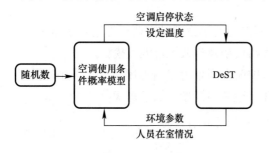

图 4-12 空调使用条件概率模型与建筑能耗计算模型的耦合

4.2.3 不同使用方式下区域供冷系统的适宜性分析

1. 计算案例介绍

本研究案例探讨了在表4-5所示的三种不同用户组成情况下，该区域供冷系统的运行状况。在案例1中，90%的用户采用的是模式A，即部分时间、部分空间的空调使用模式；在案例2中，90%的用户采用的是模式B，即部分时间、全空间的使用模式；在案例3中，90%的用户采用的是模式C，即全时间全空间的使用模式。

三种不同用户组成的研究案例 表 4-5

案例	用户构成	系统类型
案例1	90%的用户为模式A，剩下的用户均分为模式B、C	
案例2	90%的用户为模式B，剩下的用户均分为模式A、C	水侧有调节阀，水泵变频
案例3	90%的用户为模式C，剩下的用户均分为模式A、B	

本研究采用建筑能耗模拟分析软件 DeST[18]对三个案例中不同使用方式下的区域供冷系统能耗及能效情况进行了模拟分析。在区域供冷系统计算初始化过程中，程序将根据尖峰负荷对各台设备进行自动选型。在系统运行过程的模拟分析中，根据负荷情况调整热泵机组的运行台数，保证机组运行在尽可能高的负荷率下，同时根据流量情况调整水泵运行台数及水泵频率，保证水系统运行在尽可能高的输配效率下。进而通过不同用户组成下整个供冷季（7～9 月）区域供冷系统的能耗及能效情况的对比，对不同用户使用方式对区域供冷系统供冷效果的影响进行定量化分析及评价。

2. 计算结果分析

在不同使用方式下，计算得到的三个案例中负荷需求在"空间"维度上的非均匀分布情况，并用 $SGini$ 系数进行表征。将研究对象按照无因次需求（Q_1 或 Q_2）从小到大排序，将研究对象个数累计百分比与对应的无因次需求累计百分比的对应关系绘制在图形上，则可以得到用于表征无因次需求在"空间"维度上非均匀性的洛伦兹曲线，进而反映需求的不同步程度。当洛伦兹曲线用于刻画需求不同步性在"空间"维度上的反映时，横坐标为按无因次需求大小排序的研究对象数量的累计值，纵坐标为无因次需求累计值。当图 4-13 中的洛伦兹曲线越弯曲，即对应的"不平等面积"A 部分越大，其表明在这个时间断面上，研究对象的无因次需求差异较大，无因次需求在"空间"上的非均匀程度较强，其表明需求的不同步性较强。此处可以用基尼系数定量描述反映在"空间"维度上的需求不同步特性，定义该基尼系数用符号 $SGini$ 表示。因此，可以用基尼系数 $SGini = A/(A+B)$ 定量刻画反映在"空间"维度上的需求不同步性。此时，在基尼系数的计算公式中，有：

$$SGini = 1 - \frac{1}{n^2 \mu_y} \sum_{i=1}^{n} (2n - 2i + 1) y_i \tag{4-24}$$

式（4-24）中，$SGini$ 系数为"空间"维度上的基尼系数；n 为此时间断面上研究对象的数量；μ_y 为所有研究对象无因次需求的均值；y_i 为研究对象 i 的具体无因次需求（无因次"质"需求 Q_1、无因次"量"需求 Q_2）。

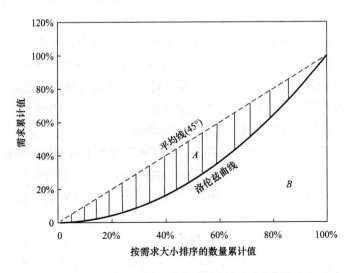

图 4-13　洛伦兹曲线用于刻画需求不同步性在"空间"上的反映

类似地，把各时刻对应的无因次需求从小到大进行排序，将时长累计百分比与对应的无因次需求累计百分比的对应关系绘制在图形上，则可以得到用于表征无因次需求在"时间"维度上非均匀程度的洛伦兹曲线，进而反映需求在"时间"维度上的不同步性，如图 4-14 所示。

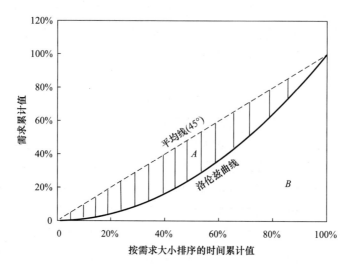

图 4-14　洛伦兹曲线用于刻画需求不同步性在"时间"维度上的反映

此处基尼系数可以用于定量描述需求不同步特性在"时间"维度上的反映，该基尼系数用符号 $TGini$ 表示。因此，可以用 $TGini = A/(A+B)$ 定量刻画需求不同步性反映在"时间"维度上的非均匀性。此时，在 $TGini$ 系数的计算公式中，有：

$$TGini = 1 - \frac{1}{n^2 \mu_y} \sum_{i=1}^{n} (2n - 2i + 1) y_i \tag{4-25}$$

式（4-25）中，$TGini$ 为基尼系数；n 为研究时间段内单位时间步长的数量；μ_y 为研究时长内无因次需求的均值；y_i 为时间步长 i 内的具体无因次需求（无因次"质"需求、无因次"量"需求）。

从 $SGini$ 系数的定义中不难得到，$SGini$ 系数的数值越大，在此瞬间其"空间"维度上反映的研究对象需求的不同步程度越高。三个案例中负荷需求的 $SGini$ 系数的分布情况如图 4-15 所示。图中的数据上边界表示全部数据 95% 分位对应的数据点，数据下边界表征 5% 分位对应的数据点，矩形的上边界对应数据的 75% 分位，矩形的下边界对应数据的 25% 分位，而图中矩形内部的横线对应的是数据均值。

从图 4-15 可以看到，从案例 1 到案例 3，"空间"维度上需求的不同步性下降。而且，对应文献[261]的技术适应性表格，可以看到，在案例 1 中，大部分时间，$SGini$ 系数位于 FCU 系统不适宜的区域。而在案例 3 中，大部分时间，$SGini$ 系数处在 FCU 系统适宜的范围内。

$SGini$ 系数的变化对应的是系统输配效率的变化。通过详细计算可以得到该区域供冷系统在供冷季中冷水输配系数的情况，如图 4-16 所示。可以看到，从案例 1 到案例 3，对应的冷水输送效率逐渐增大。冷水输送系数在案例 1 中低于 20，冷水系统运行状况不佳。

而在案例3中，冷水的输送系数超过50，冷水系统运行状况较好。

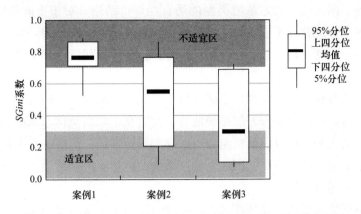

图 4-15 不同用户组成下空间上的 $SGini$ 系数计算统计结果

另外，也可以得到耗冷量在"时间"维度上的不同步分布情况，如图 4-17 所示。从案例 1 到案例 3，"时间"维度上需求的不同步性降低，与之对应的，是冷机性能的提高，如图 4-18 所示。在此案例中，由于使用方式差异造成的 $TGini$ 系数和冷机 COP 差异均达到近 2 倍。

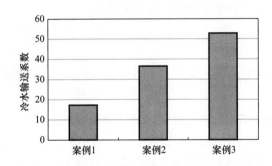

图 4-16 区域供冷系统在供冷季中的冷水输送系数

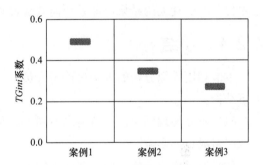

图 4-17 不同用户组成下时间上的 $TGini$ 系数

综合而言，可以对比在三个案例中，区域供冷系统供冷的耗电量与分体机耗电量的情况，如图 4-19 所示。在计算中，分体机的综合 COP 取 2.3[9,10]。可以看到，在案例 1 中，分体机更为适宜，而在案例 3 中，集中式空调系统更为节能。这一结论与上文图 4-15 的

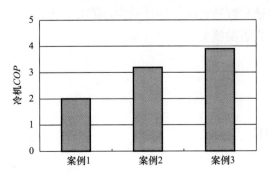

图 4-18 区域供冷系统在供冷季中的冷机 COP 均值

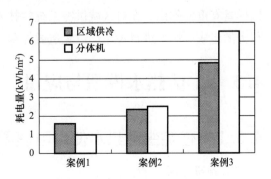

图 4-19 不同供冷方式下的耗电量对比

适宜区间是一致的。从这个案例中也可以看到，使用方式对负荷需求的不同步性具有显著影响，而需求的不同步性将决定系统类型的适宜性评价结论。对于不同的需求不同步性，其适宜的技术方案可能存在不同。为了对技术适宜性进行合理的评价，需要综合考虑需求不同步性的影响。否则，技术适宜性评价结果将可能与事实相反，甚至造成能源和投资的浪费。

从以上的模拟分析中可以发现，小区区域供冷系统只有在用户侧的负荷水平较大且负荷集中程度较高时，才能具有较好的系统能效。此时在末端高负荷需求的情况下，冷机的负荷率处在较高的水平，可以保证机组自身较高的运行性能。同时，水泵的供回水温差接近设计值，水泵的输送能效较高。因此，整个系统的运行工况接近设计情况，区域供冷系统可以取得较好的运行效果。

但小区冷负荷情况受用户使用模式的影响很大。在用户对空调末端可调控的情况下，大部分用户将选择"部分时间、部分空间"的调控方式。此时末端用户的空调开启率较低，实际呈现的用户负荷处在较低的水平，且负荷分散。在这种末端负荷的情况下，区域供冷系统的运行工况偏离设计值，加上系统的调节能力较低，无法在部分负荷的工况下实现有效的调控，造成冷机自身性能下降、水系统输送能效降低等问题。

同时，从模拟分析中进一步发现，在住宅建筑中采用区域供冷时，系统高能效对应的是单位面积电耗大的结果，即系统能效随着单位面积空调电耗的增加而升高。

4.2.4 小结

本节利用模拟分析的方法讨论了人员行为对区域供冷系统运行状况的影响，主要得到如下结论：

（1）研究发现用户侧负荷需求不同步、负荷率低的特征将对区域供冷系统的能耗及能效状况造成重要影响。

（2）通过模拟分析发现，在模拟的小区区域供冷方式下，只有随着用户侧负荷强度的增大及集中程度的提高，冷机 COP 及水泵的输送能效才能大幅度提高，进而得到比较高的系统能效。但在这种系统形式下，系统高能效对应的是单位面积能耗大的结果，即系统能效随着单位面积空调电耗的增加而升高。

（3）人行为不仅对区域供冷系统能耗具有影响，其对区域供冷系统的技术适宜性评价同样具有重要作用。在对区域供冷系统的技术适宜性进行评价的过程中，需要对人员用能行为的组成及影响进行考虑，以免造成能源和投资的浪费。

4.3 生活热水模型与应用

4.3.1 住宅生活热水使用习惯调研

1. 调研介绍

居民的生活热水行为模式存在差异，可能会导致用户用热水量和生活热水系统的能耗存在较大的差异。2011 年于北京开展相关调研，结果如图 4-20 所示，从图 4-20 中可以看到，北京住宅居民单次淋浴生活热水用量为 41.5L/人。其中最大用热水量用户的用热水量为 254L/人，最小用热水量用户的用热水量为 6.8L/人，二者差异达到将近 40 倍。

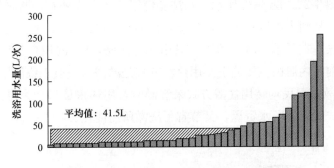

图 4-20　北京住宅居民单次淋浴热水用量

2015 年，进行了关于家庭能源使用情况的问卷调研，主要通过网络问卷的形式进行调研。收回有效问卷 4714 份，为了了解现有住宅建筑中人员使用生活热水的普遍情况，问卷中设计了生活热水使用习惯调研部分，该问卷主要涉及了热水供应装置类型调研、用热水频率时间调研、用热水方式调研、热水用量调研、热水价格调研、热水使用感受调研，下文将重点对其中生活热水供应方式、使用方式、使用频率、使用时长和热水用量几方面进行分析。

2. 结果分析

针对问卷调研结果，本部分对生活热水供应方式、生活热水使用方式、生活热水使用频率、生活热水使用时长和生活热水的用量展开分析。

（1）生活热水供应方式

调研结果如图 4-21 所示，从受访者生活热水供应方式来看，使用集中热水的用户仅占 2%，主要的热水供应方式为电热水器和燃气热水器，分别占比例为 25% 和 31%。太阳能热水器占比例 21%（包含电补热、燃气补热和纯太阳能）。该调研结果表明，目前国内

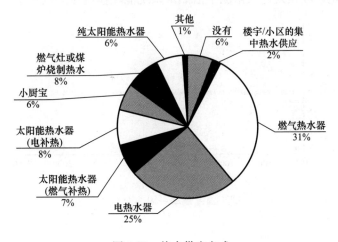

图 4-21　热水供应方式

居民生活热水供应方式仍以使用电和燃气为代表的主流常规能源为能源的生活热水供应方式为主，太阳能生活热水系统也开始在生活热水供应方式中占据一席之地。

（2）生活热水使用方式

调研结果如图 4-22、图 4-23 所示，从洗澡使用热水方式来看，调研备选方案为淋浴、盆浴和二者都有。从图中可以看到，在夏季，目前 94％的用户主要只用淋浴洗澡，5％的用户只用盆浴洗澡。在冬季，91％的用户只用淋浴洗澡，8％的用户只用盆浴洗澡。该调研结果表明，目前国内居民主要的洗澡用热水方式是淋浴，一般来说淋浴使用热水量是盆浴的 1/4～1/5，故若居民均转用盆浴方式来洗澡时，用热水量将变为目前的 4～5 倍。目前的使用热水方式既节省了水资源，又节省了洗澡所需能耗。

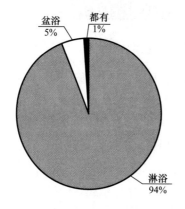
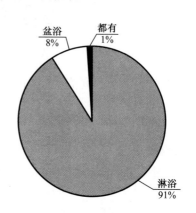

图 4-22　夏季洗澡方式　　　　图 4-23　冬季洗澡方式

（3）用热水频率

调研结果如图 4-24、图 4-25 所示。从洗澡次数来看，夏季超过 63.7％的用户是一周洗 7 次澡，即每天洗 1 次澡；而冬季由于天气寒冷，人员活动量减少，洗澡次数也有所减少。从调研结果来看，一周洗 1 次、2 次、3 次澡的用户居多，其中 20.3％的用户一周洗 1 次澡，26.6％的用户一周洗 2 次澡，26.6％的用户一周洗 3 次澡。可见用户使用模式随气候条件发生变化，故在设计太阳能生活热水系统能耗模型时应该考虑季节的影响。

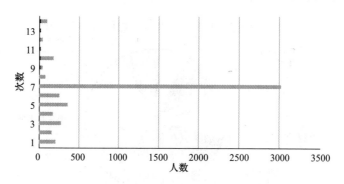

图 4-24　夏季一周洗澡次数

（4）洗澡时长

调研结果如图 4-26、图 4-27 所示，从每次洗澡所花时间来看，夏季洗澡，超过 75％

的用户所花时间在 20min 以内。冬季则不同，花 20min 以上时间洗澡的用户将近占一半人数，16～20min 洗澡时长的人数占 23％。调研结果进一步表明季节气候因素对生活热水使用习惯产生较大影响。

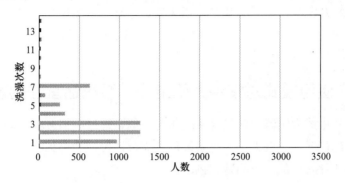

图 4-25　冬季一周洗澡次数

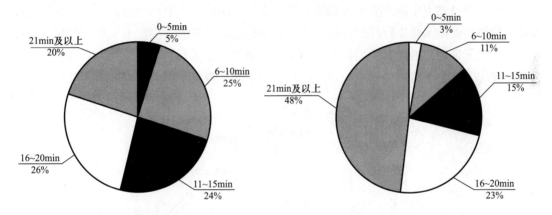

图 4-26　夏季洗澡时长　　　　　　　　　　图 4-27　冬季洗澡时长

（5）用热水量

调研结果如图 4-28 所示，问卷主要调查了使用集中式生活热水系统的用户的用热水量。从调研结果来看，63％的用户每月用热水量在 5t 以下：每月使用 1t 热水即每天 33L 的用户占 19％；每月使用 2t 热水即每天 67L 的用户占 13％；每月使用 3t 即每天 100L 的用户占 11％；每月使用 4t 热水即每天 133L 的用户占 5％；每月使用 5t 热水即每天 167L 的用户占 14％。调研结果表明，目前国内集中生活热水用户用热水量水平分布不均匀，用户用热水量各不相同，但超过 63％的用户每月用热水量在 5t 以下，即每天用热水量低于 167L。

综上所述，从生活热水供应方式来看，集中热水系统所占比例较小，主流的热水供应方式为户式燃气热水器、电热水器和太阳能热水器。从

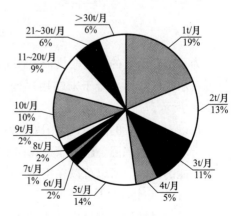

图 4-28　每月用热水量

生活热水使用方式来看，90％以上居民使用热水淋浴。从用热水频率来看，居民夏季一周洗 7 次澡居多，冬季一周洗 1～3 次澡居多。从用热水时长来看，夏季洗澡，超过 75％的用户所花时间都在 20min 以内，冬季花 20min 以上时间洗澡的用户将近占一半人数，16～20min 洗澡时长的人数占 23％。从用热水量来看，目前国内集中生活热水用户的热水用量分布不均匀，但超过 63％的用户每月用热水量在 5t 以下。调研结果表明，居民热水使用习惯是受气候条件影响发生变化的。

4.3.2   用户使用模式对集中太阳能热水系统适宜性的影响

下面以一个集中式太阳能生活热水系统作为案例，通过模拟分析不同系统形式、末端用户使用模式下的能耗，结合人行为对系统形式进行评价，并得到将人行为模拟应用于建筑能耗和系统形式评价中的若干问题和挑战。

1. 不同的集中式太阳能生活热水系统

一般的集中式太阳能生活热水系统采用的是集中储热、集中加热的方式，即在水箱中放置电辅热，保持水箱中较高的水温。水箱和用户之间以管道连接，末端用户的用水时间不一致，为保证用户能随时使用热水，管路中的循环泵全天运行，系统图如图 4-29 所示。在这种情况下，由于管路中的水一直维持较高的温度，造成了巨大的管道散热损失。

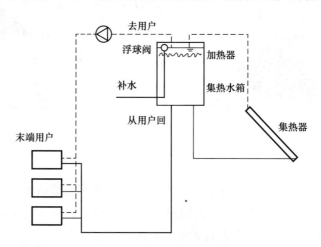

图 4-29　典型的集中太阳能热水系统图

为了避免巨大的管道散热损失，可取消循环管和循环泵。为减少水箱散热，加热器不放置在水箱中，而是置于末端用户处。此时可以显著减小水箱和管道的散热，系统图如图 4-30 所示。

在以上改进了的集中式太阳能热水系统中，末端用户无法知道水箱中的水温。如果用户知道水箱中的水温，就可以选择在水温较高的时候用水，从而减少辅热的消耗，进一步达到节能的目的。所以可以在用户家中安装温度显示器，实时显示水箱中的水温。

2. 用户用水习惯模型

为了定量评价不同集中式太阳能热水系统形式下的能耗，建立了末端用户的用水模型。用水模型由每次的用水起始时间和用水量的概率分布来表示，假定两者服从正态分布。在实际模拟时，先从用水起始时间的概率分布中选取随机数确定起始时间，再从用水量的概率分布中选取随机数得到该次用水的用水量。用水起始时间的概率分布和单次用水量的概率分布如图 4-31 和图 4-32 所示。

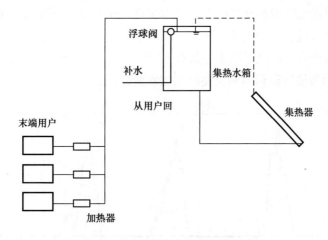

图 4-30　改进的集中太阳能热水系统图

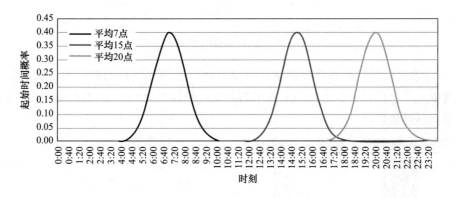

图 4-31　用水起始时间的概率分布

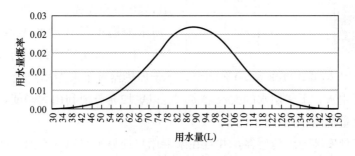

图 4-32　每户单次用水量的概率分布

　　为了分析系统能耗，本研究抽象出了几种典型的用水模式。第一种用水模式为在 7：00 用水，每户每次的用水量为 90L；第二种用水模式为 20：00 用水，每户每次的用水量为 90L；第三种用水模式为 15：00 用水，每户每次用水量为 90L。三种用水模式的用水时间和用水量均服从图 4-31 和图 4-32 的概率分布。

3. 不同系统形式和使用模式下的系统能耗模拟分析

以上的典型用水模式，以及热水系统的模型，可以实现对不同系统形式和使用模式下的系统能耗进行模拟分析。

在一般的集中式太阳能热水系统中，因为加热是在水箱中进行的，无法按用户的用热收费，而是按照用水量收费。这种情况下，由于不管何时用水花费都一样，用户没有在水温高的时候用水的动力。假设系统中一共有 40 户住户，其中有 20 户为模式 1、20 户为模式 2。图 4-33 所示为模拟得到的两天逐时刻用水量曲线。

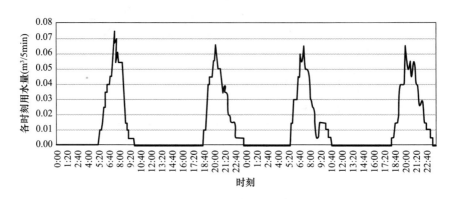

图 4-33　模拟的两天逐时刻用水量曲线

图 4-34 为模拟得到的各部分热量，可以看到，水箱和管道的散热占了较大比例。而这种系统形式下，用户在早上和晚上用水的习惯，难以充分利用太阳能的优势，导致许多的用热量由辅热提供。

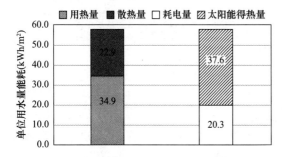

图 4-34　一般集中式太阳能热水系统的各部分能耗

在经改进的系统里，减少了管道散热损失，同时下午水温较高，也会促进末端用户在下午的时候用水，可以减少辅助加热器的使用。假设 40 户中有 10 户为模式 1，10 户为模式 2，20 户为模式 3。图 4-35 所示为模拟得到的两天逐时刻用水量曲线。图 4-36 为模拟得到的各部分热量，由于加热器置于末端用户处，且用户可以选择根据天气情况用水，下午用水的人数增多，可以更加充分地利用太阳能，所以该系统中的散热量及耗电量都较小。

在水箱出口处安装温度传感器，并且在末端用户处显示水箱的水温，此时用户可以直观地看到水箱中的水温，并且可以在下午水温高的时候用水，进一步减少辅助加热器的使用。此时给用户提供的反馈鼓励了用户节能的用水模式。假设 40 户中有 5 户为模式 1，5 户为模式 2，其他 30 户为模式 3。图 4-37 所示为模拟得到的两天逐时刻用水量曲线。图 4-38 为模拟得到的各部分热量，可以看到，引导用户在下午水温较高的时候用水，进一步减少了系统的耗电量。

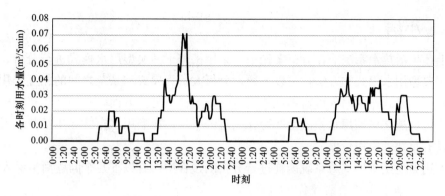

图 4-35 模拟的两天逐时刻用水量曲线

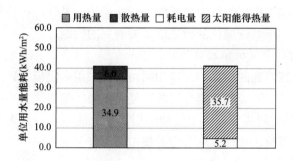

图 4-36 改进的集中式太阳能热水系统的各部分能耗

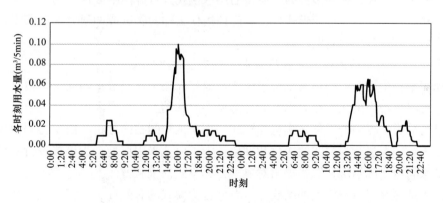

图 4-37 模拟的两天逐时刻用水量曲线

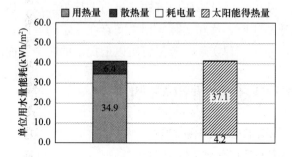

图 4-38 安装温度显示的集中式太阳能热水系统的各部分能耗

4.3.3 小结

在上述生活热水系统能耗分析案例中，采用了若干种典型用水模式进行分析。可以看到，采用典型用水模式的方法，可以方便地分析人行为模式和系统之间的相互作用。一方面，通过行为模式作为输入可对系统能耗做定量模拟；另一方面，系统和收费方式对行为的作用，可反映在典型用水模式上的变化。总的来说，典型用水模式在生活热水系统能耗分析中具有重要的应用价值。

在利用典型用水模式对系统能耗进行分析的过程中，有以下几个问题尚需深入研究：

1. 人行为模型准确性的评价

在生活热水的案例分析中，引入了以用水时间和用水量的概率分布表征的用水模型。该模型能否准确刻画末端用户的行为是需要进行检验的。另外，应该如何对随机模型进行检验是将随机模型应用于系统能耗分析之前需要研究的问题。

2. 如何选取合适的重复模拟次数和时间步长

随机模型每次计算得到的结果不一定相同，需要采用多次模拟计算的方式对结果给出较好的估计，此时需要一种能够确定合适的重复模拟次数的方法。另外，在此处的模型模拟中，采用了 5min 的时间步长，由于模型中引入了人的因素，而人的行为动作可能在短期之内发生变化，需要给出如何选取合理的模拟时间步长的方法。

3. 怎样调研获得大量人的行为模式

实际的用水模式是多种多样的。典型的用水模式是对群体中多样化的用水模式的一种分类。怎样获得大量的人行为模式特征，应该用什么样的测试或调研方法去获得，是得到典型行为模式前待解决的问题。

4. 如何得到典型行为模式以及检验得到的典型行为模式

本模拟案例中设置了三种典型用水模式，但是尚缺乏现实数据的支持，没有说明如何得到这三种典型行为模式。在大量人的行为模式的基础上，需要采用一定的方法对这些行为模式进行分类，得到若干种典型行为模式，用于工程问题的分析。由于得到的典型行为模式是对人群中大量行为模式的简化和抽象，为了保证采用典型行为模式进行能耗和技术分析的结果符合实际情况，需要提出对典型行为模式的检验方法。

上述生活热水案例对模型的准确性、典型行为模式的有效性、重复模拟次数的确定和时间步长的选取等问题提出了要求。在将人行为应用于工程实践之前，这些问题都需要系统的解决方案。然而，从以上文献调研中可知，目前人行为模拟领域更多地基于大量监测数据，对单人进行细致地建模，这和实际应用之间存在一定的差距。为了形成若干种典型行为模式并最终将其应用于工程实践，急需解决以上提出的四个方面的问题。

4.4 照明人行为动作随机模型

4.4.1 案例介绍

本节的研究对象为一栋位于美国华盛顿州西雅图市的近零能耗商业办公楼（图 4-39），

利用 DeST 软件，对其在不同人员在室情况和照明人行为模式下的照明能耗进行详细描述和定量模拟分析，从而探究基于人员在室情况进行反馈型照明控制的重要意义。

该建筑 2015 年的总电耗为 34.8kWh/$(m^2 \cdot a)(11kBtu/(ft^2 \cdot a))$，2016 年的总电耗为 40.2kWh/$(m^2 \cdot a)(12.8kBtu/(ft^2 \cdot a))$。该楼配有一套分项计量系统可以采集各电路的瞬时电耗，包括不同分区照明、空调、插座等分项电耗。且该楼办公室均使用智能插座，每隔两秒自动采集一次插座上各电器如显示器、电脑、台灯等的电耗，并通过无线网络将采集到的用电数据上传至在线数据库。本研究收集到 2015 年 6 月～2016 年 7 月该楼办公区域的逐时照明和插座上各电器的用电

图 4-39　西雅图市某近零能耗商业办公楼

数据。照明电耗数据可以用来校验照明人行为模型的准确性；智能插座数据可以用于推测人员在室情况。该建筑主要利用自然采光维持良好的室内照度，照明系统可以根据室内照度自动调整照明功率以维持工作面的照度为 300lx，夜间自动关闭。此外，照明系统也可以人为开启或关闭。

本研究主要关注于一间带有会议室、设备间和小型接待室的大型开敞式办公室。考虑到顶灯和桌子的布置情况，将整个办公室划分为 6 个分区开展后续模拟分析，即工作区外区、工作区内区、工作区走廊、设备间、走廊及会议室，如图 4-40 所示。会议室及办公区域的周边布置了条形吊灯，单个灯管为 49 W T5 型号的荧光灯，且配有自动调节照度的镇流器；走廊采用 18 W CFL 的圆形吊灯且不可自动调节。所有区域的照明都可手动开启或关闭。各分区的照明安装功率和人员数量如表 4-6 所示。

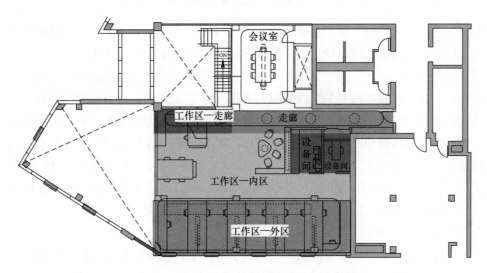

图 4-40　办公室平面图及照明和桌子布置图

分区信息及关键参数　　　　　　　表 4-6

分区	工作区外区	工作区内区	工作区走廊	会议室	走廊	设备间
安装功率（W）	520	130	52	186	60	130
人数	15	5	2	0	0	0
最小照度（lx）	300	300	300	150	150	150

4.4.2　研究方法及内容

1. 技术路线

本研究的技术路线图如图 4-41 所示。首先，通过分项计量系统采集到办公室中各电脑显示器的用电数据及整体照明系统的用电数据进行分析。由于该办公室的办公人员均为科研工作者，因此假设大多数人在办公室时会使用电脑，可以根据各显示器的电耗推测人员在室情况。

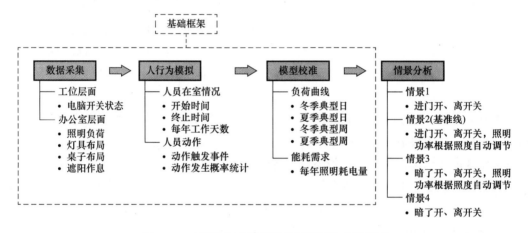

图 4-41　人行为与建筑照明能耗测试技术路线图

根据之前的调研分析，认为该办公室的照明行为为"进门开、离开关，照明功率根据照度自动调节"的模式，可以使用 DeST 软件对该照明人行为进行模拟。

需要说明的是，由于实测得到气象数据不包含模拟所需的全部参数，如太阳直射辐射量和散射辐射量，所以本研究采用西雅图的典型气象年 TMY2。气象数据的差异会对模拟得到的建筑能耗造成较大影响，后续误差分析时也会考虑到典型气象年和真实气象数据的差异。模拟得到的逐时照明负荷和总电耗可以与实测结果进行对比验证。将校验后的模型作为情景分析中的基准案例（情景 2），在此基础上开展不同照明控制模型，即"进门开、离开关""进门开、离开关，照明功率根据照度自动调节""暗了开、离开关，照明功率根据照度自动调节""暗了开、离开关"，对照明能耗影响的分析。

2. 模型建立及校验

采用 DeST 软件作为模拟分析的工具，由于本次模拟主要针对长时间的建筑运行总能耗，故采用王闯博士[16]提出的马尔可夫概率矩阵来描述人员在室情况以及事件和动作相关的随机概率公式刻画用能人行为。

如图 4-42 所示，在本次模拟中，用于描述照明开启/关闭人行为的概率公式包含 4 个参数，阈值 u、范围 l、曲线形状 k 和概率参数 p。在开展照明行为模拟的过程中，首先需要确定每个人的位移参数，以及每个人相应照明人行为：

（1）典型工作日的上班时间；

（2）每个人在工位上的时间占工作时间的比例；

（3）照明开关的条件及概率。

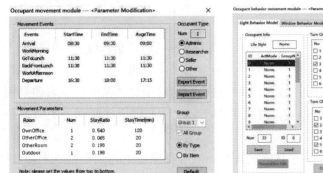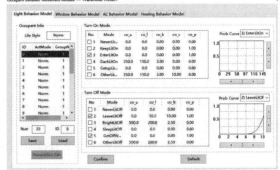

图 4-42　DeST 软件人员作息与行为模式设定

理想情况下应该通过实测调研的方式获取准确的人行为模式及对应的参数。例如，采用位移检测设备记录各时刻每个工位是否有人以及每个人的位置，从而得到详细、准确的人员位移数据。受限于隐私、时间、财力和设备的复杂性，本研究没有采用准确的人员位移模型，而是利用各显示器的电耗数据和照明系统电耗对人员位移作息进行推测。由于本次模拟的建筑对象为商业办公楼，人员进入工作区域后对个人电脑使用的需求极高，采用该方法具有一定的准确性。

本次模拟的开敞办公室内一共包含 22 名办公人员，按照上下班时间可以明显分为 4 类，如图 4-43 和表 4-7 所示。大多数员工工作时需要使用电脑和显示器，且显示器设置了

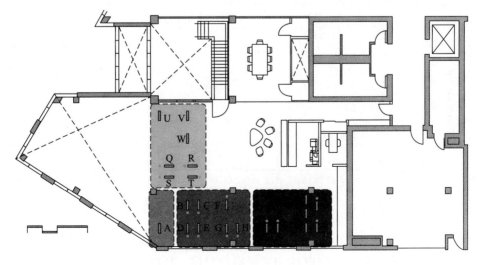

图 4-43　办公人员类型与分布情况

自动休眠功能，因此显示器可以较为准确预测人员在室情况。显示器开启表明该工位有人使用，否则认为无人。对于所有员工，除去吃饭和休息的 80% 工作时间都在自己的工位上。

办公人员类型与具体作息   表 4-7

	人员 ID	上班时间	下班时间	每年工作天数（d）
人员类型 1	A	09：00	17：00	171
人员类型 2	B~H	09：30	17：30	239
人员类型 3	I~P	09：00	17：00	256
人员类型 4	Q~W	10：00	17：00	120

Hunt 等人的研究表明[29,262,263]，办公室内的人员在对照明的控制习惯上一般倾向于早晨到达办公室时打开照明，晚上最后一个人离开办公室时关闭照明。

本案例中经过调研也获得了同样的结果，因此在模拟时对于灯光照明控制习惯采用了"进门开、离开关"的典型模式进行描述，并采用 DeST 软件和设定的照明开关概率公式计算得到每个时刻照明开启或关闭的动作。

以工作区外区为例，图 4-44 展示了该区域人数、照度和照明电耗的模拟结果。其中，上图的虚线表示人数，浅色实线表示自然光照度，深色实线表示照明和自然采光的总照度；下面的图显示了模拟得到的照明电耗。因为午间自然采光较为充足，照明自动调节到 0，当下午自然采光照度低于设定值时，照明功率增加从而实现工作面 300lx 的照度。

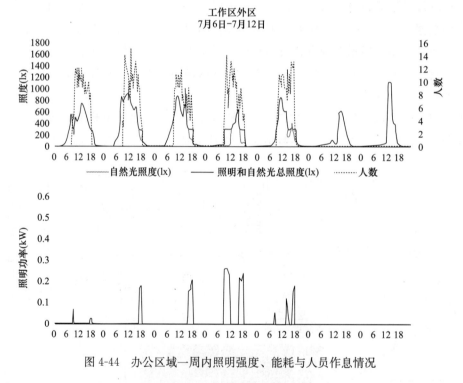

图 4-44 办公区域一周内照明强度、能耗与人员作息情况

将各个分区的照明电耗相加可以得到整个照明系统的电耗。图 4-45 和图 4-46 分别表明了典型日和典型周的模拟照明电耗和实测值的对比。从图 4-45 可以看出，典型日的实

测结果和模拟结果较为接近，而典型周的模拟结果与实测结果有较大偏差，尤其是第 2、4、5 天。这些偏差与实测气象数据和典型气象年的差异一致，如图 4-47 所示。典型气象年的第 2 天中午为阴天，然而实测结果则不同。模拟的照明能耗在太阳辐射下降时（"A-A"）明显上升。在阴天阶段过后（"B-B"）照明能耗再次下降。另外一个例子是第 4、5 天（"C-C"和"D-D"）的实测太阳辐射低于典型气象年，因此实测的照明能耗要高于模拟结果。因此，模拟照明能耗与使用的气象数据的偏差是一致的。由于本研究的主要目的不是关注于完全消除模型和实测能耗的偏差，人员在室时实测结果和模拟结果的累计误差为 12%，我们认为该模型可以用于开展后续不同人员照明行为对建筑能耗的情景分析。

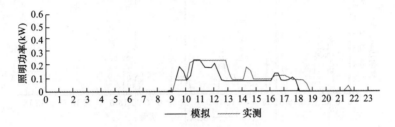

图 4-45　某夏季典型日模拟能耗与实测对比

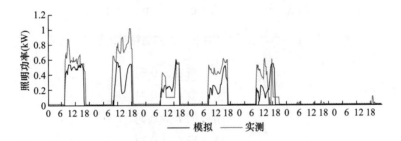

图 4-46　某冬季典型周模拟与实测能耗对比

4.4.3　情景分析

1. 情景设置

本小节主要对不同照明人员行为和控制策略对照明能耗的影响进行分析。在本次能耗模拟中共考虑了 4 种不同的情景对照明能耗影响，分别为"进门开、离开关""进门开、离开关，照明功率根据照度自动调节""暗了开、离开关，照明功率根据照度自动调节"与"暗了开、离开关"。

其中，第 2 种情景是案例中实测得到的模式，因此本次情景分析的基准案例设定为情景 2。

以下是对四种情景的具体描述。

（1）情景 1：开灯模式为"进门开、离开关"

情景 1 中，当人员进入到办公室时打开照明，直到离开房间时才会关闭。这是办公建筑中照明最常见的人行为模式。开关灯动作主要由人员作息决定的。该模式的概率公式见式（4-26）与式（4-27）：

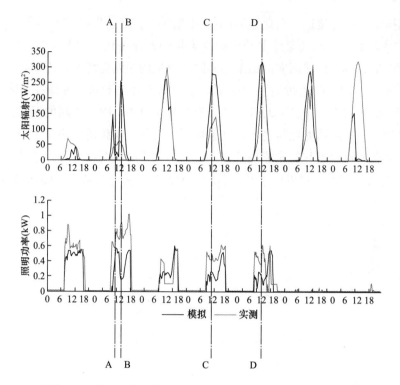

图 4-47 某冬季典型周模拟能耗与实测能耗对比及气候状况

$$P_{\text{on}} = \begin{cases} 1 & \text{当 } i > 0 \text{ 时} \\ 0 & \text{当 } i = 0 \text{ 时} \end{cases} \tag{4-26}$$

$$P_{\text{off}} = \begin{cases} 0 & \text{当 } i > 0 \text{ 时} \\ 1 & \text{当 } i = 0 \text{ 时} \end{cases} \tag{4-27}$$

式中　P_{on}——开灯的概率；

　　　P_{off}——关灯的概率；

　　　i——人员密度，人/m²。

（2）情景 2：开灯模式为"进门开、离开关，照明功率根据照度自动调节"

在情景 1 中，照明的功率和输出照度是固定值，有人在室时照明一直处于全负荷条件下运行。然而，由于自然采光的存在，照明需求是随着时间发生变化的。如果照明系统具备根据室内照度自动调节的能力，照明功率会自动减少从而满足室内照度设定需求。情景 2 中采用的照明模式"进门开、离开关，照明功率根据照度自动调节"也是案例调研中实测的使用模式。照明功率计算公式见式（4-28）：

$$q = \begin{cases} 0 & \text{当 } E_i \leqslant E_{\text{D}} \text{ 时} \\ q_{\text{c}} & \text{当 } E_i > E_{\text{D}} \text{ 且 } E_{\text{D}} + q_{\text{c}} \times \eta \leqslant E_i \text{ 时} \\ (E_i - E_{\text{D}}) \times \eta^{-1} & \text{当 } E_i > E_{\text{D}} \text{ 且 } E_{\text{D}} + q_{\text{c}} \times \eta > E_i \text{ 时} \end{cases} \tag{4-28}$$

式中　q——照明功率，W/m²；

　　　q_{c}——照明的额定功率，W/m²；

E_i——室内照度设定值，lx；

E_D——自然采光的照度，lx；

η——发光效率，lm/W。

（3）情景 3：开灯模式为"暗了开、离开关，照明功率根据照度自动调节"

室内照度是除人员到达离开等事件之外引起人员开灯的另外一个重要因素。根据之前照明人行为的相关研究[325]，由于室内过暗引起人员开灯行为的概率公式可以表示为下列公式：

$$P_{on} = \begin{cases} 1 - e^{\left(\frac{u-E}{l}\right)^k \frac{\Delta r}{\tau_c}} & \text{当 } E \leqslant u \text{ 时} \\ 0 & \text{当 } E > u \text{ 时} \end{cases} \tag{4-29}$$

式中　P_{on}——开灯的概率；

E——室内照度，lx。

王闯[16]根据实测调研给出了下列参数，可以用于反映"暗了开"的照明人行为。

$$u = 220\text{lx}, \quad l = 170, \quad k = 3.113$$

这些参数表明，当室内照度超过 220lx 时人员觉得室内足够明亮不需要开灯，而照度低于 220lx 时则会根据室内照度的不同产生开灯的行为。在情景 3 中，采用王闯的文章中提出的参数作为模型输入。关灯行为与之前两种情景一致，仍然是离开关。

（4）情景 4：开灯模式为"暗了开、离开关"

第 4 种情景下不考虑照明的自动调光。

对 4 种情景下的照明模式进行总结，如表 4-8 所示。

四种情景下的照明模式 表 4-8

	开灯行为	关灯行为	其他
情景 1	进门开	离开关	
情景 2	进门开	离开关	自动调光
情景 3	暗了开	离开关	自动调光
情景 4	暗了开	离开关	

2. 结果分析

经过软件模拟计算，得到了不同照明行为模式下的照明能耗模拟结果，如图 4-48 所示。图中虚线表示只有自然采光下的室内照度，实线为照明功率，横坐标为一周的时间轴。

可以看出，由于灯光作息与人员作息具有较高的相关性，在情景 1（即"进门开、离开关"）中，只要有人在室时，其照明功率将恒定为 0.5kW。在情景 2、3、4 中，仅在当自然采光不足时才会出现明显的照明能耗，和情景 1 相比开灯时长有明显下降。此外，由于情景 2 和情景 3 采用了自动调光系统，这两种情景下的照明功率要低于额定功率。

从模拟结果中看到，不同行为模式下的照明能耗有明显差异。采用自动调节的照明系统的能耗受到自然采光的显著影响。以办公区外区为例，情景 2 和情景 3 都采用自动调节的照明系统，当自然采光较为充足时照明系统的功率会自动调节从而满足室内照度设置需求，所以照明能耗较低。如图 4-49 所示，在典型周（7 月 6～12 日）中，情景 1 的照明能耗是情景 2 和情景 3 的 10 倍以上。

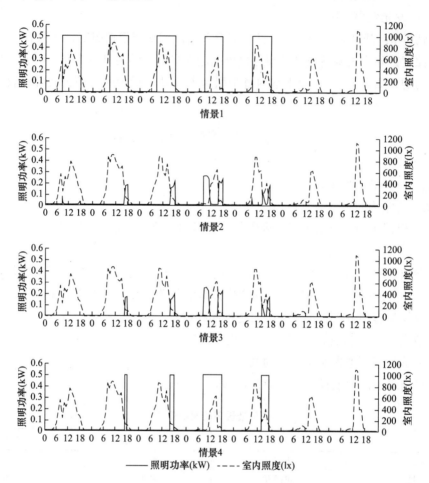

图 4-48　典型周照明能耗曲线、人员在室情况与行为模式

图 4-50 显示了不同情景下办公室所有分区的照明总年能耗。情景 1 的照明能耗最高，

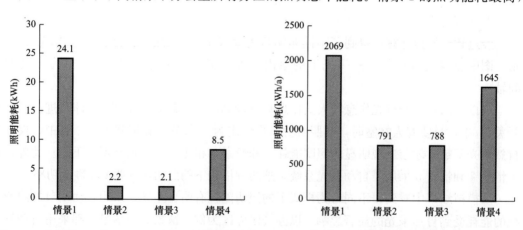

图 4-49　典型周（7 月 6～12 日）办公区域照明能耗　　　图 4-50　各情景下年照明能耗情况

大约是情景 2 和情景 3 的 2.5 倍。情景 4 的照明能耗略低于情景 1，但仍是情景 2 和情景 3 的 2 倍以上。与情景 2 相比，情景 3 中的"暗了开、离开关，有自动调节"模式并没有显著的优势。

　　根据情景分析的结果，可以看出情景 2 和情景 3 的节能效果是非常显著的。通过根据室内照度自动调节照明系统功率，可以实现接近一半的节能量。另外，照明人行为从"进门开"调整为"暗了开"也可以进一步降低照明能耗。在本研究调研的案例中，由于照明系统自动调节的存在，从情景 2 调整为情景 3，照明能耗的变化不明显，但是如果没有自动调节系统，比如从情景 1 到情景 4，照明人行为的影响则较为显著。

4.5　基于假设检验的随机人行为模型评价方法研究

　　近年来，国内外学者陆续建立了大量人行为模拟定量模型，并且将这些模型和能耗模拟软件进行了集成[264]，用以定量模拟人行为对建筑能耗和室内环境的影响。在考虑人行为的模拟中，人行为模型的准确性将会影响模拟结果的准确性。目前的人行为模型通常具有随机性以及和室内环境相关的特征[265]。在确定性的模型之中，一般通过对比模型计算结果和实测结果来说明模型的准确性。但是模型的随机性导致每次计算结果不同，所以如何对比计算结果和实测结果，是随机性模型检验中必须解决的问题。另外，采用何种对比的指标说明模型的准确性，也是需要事先明确的条件。

4.5.1　人行为模型评价的研究现状

　　现有的评价随机人行为模型的方法大致可分为模型拟合优度、模拟和实测结果的误差比较、模拟结果对实测结果的覆盖性三种。

　　1. 采用模型的拟合优度进行评价

　　大量的随机人行为模型采用数据拟合的方式来建立。以开窗模型为例，通常是建立开关窗动作和环境变量（例如室内温度、室外温度等）之间的函数关系，通过拟合的方式确定函数内的待定参数。在模型评价上，参照回归模型的检验方法，以拟合优度进行评价。例如 Haldi 和 Robinson[256] 在建立开窗的概率模型时，采用了 Logistic 回归模型，将多种自变量对开窗数量比例进行回归。图 4-51 所示为采用室内温度和室外温度对开窗比例的回归曲线。在此基础上，他们挑选出拟合优度 R^2 较高的自变量作为建立模型的依据，最终选取的自变量为室内温度和室外温度，而最终的拟合优度 R^2 为 0.260。

　　简单地采用拟合优度作为模型的评价，一方面并没有从最终应用的角度说明模型的可用性和准确性。另一方面，拟合优度 R^2 应该设置怎样的一个阈值水平，也缺乏定论。因此，这种评价方法对拟合优度的可接受程度缺乏共识，模型的评价也没有明确的意义。

　　2. 采用模拟和实测结果之间的误差进行评价

　　仅采用拟合优度的检验方法，没有考虑模型最终的应用效果。为了对这种应用的效果进行评价，有的评价方法在建立模型之后进行了定量模拟，并将模拟的结果和实测结果进行比较，确定两者之间误差的大小。考虑到模型本身的随机性，在模拟中也引入了多次模拟计算取平均值的方法。例如 Herkel 等人[266]提出了描述人员在室情况及开关窗的模型，并且通过模拟，对比实测和模拟的每天各时刻在室或窗户开着的比例，来说明模型的准确性。

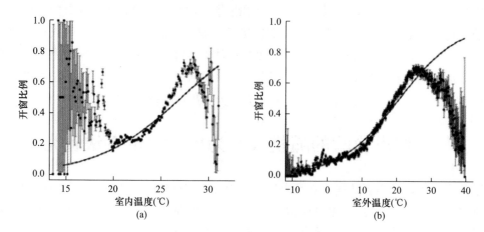

图 4-51　开窗比例和室内温度、室外温度的拟合曲线
（a）室内温度，箱宽 0.1℃；（b）室外温度，箱宽 0.1℃

这种评价方法一方面没有说明应该采用什么指标进行比较，另一方面，尽管考虑了模型随机性的影响，但是对随机性的处理较为粗糙，没有定量说明两者之间差别达到多少时，作为不可接受的标准。

3. 采用多次模拟结果对实测结果的覆盖性进行评价

为了表征模拟结果的随机性，王闯[16]采用多次模拟，并检验多次模拟结果对实测结果的覆盖性来说明模型准确性的方法。图 4-52 显示了在评价开关灯模型准确性时，经过多次模拟比较开灯时长和开灯次数的结果。

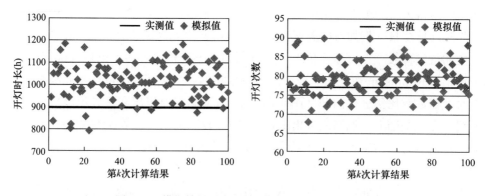

图 4-52　模拟结果对实测结果覆盖性检验的示意图

这种评价方法考虑了模型的随机性，但是无法说明算多少次覆盖的问题，也没有指标去衡量覆盖的优劣。从模拟结果的分布上来看，一个显著偏离模拟结果分布的实测值，对模型提出了一定的质疑。因此，在覆盖之外，还要定义偏离的显著性，对模型的准确性进行评价。

4.5.2　人行为模型评价中的核心问题

综上，目前随机人行为的评价方法存在一定的不足。具体来说，简单地通过拟合优度来评价，脱离了模型最终的应用，并且对可接受拟合优度的具体数值范围缺乏共识；以模拟结果和实测结果之间的误差比较，也存在类似的问题，即无法说明这种误差到多少时是不可以接受的；而采用覆盖性的方法，尽管充分考虑了模型的随机性，但是无法区分偏离的显著性，也存在一定的改进空间。

模拟被认为是一种系统构建的研究方法，并且在计算机上用模型做实验的过程[267]。通过一定的简化和假设，模型将理论和经验事实联系起来[268]，而在这一过程中，模型的准确性是保证模拟结果可信的前提条件。为了评价模型的准确性，一般通过实测的方法获得需要的输入和输出，并且以实测的输入作为模型的输入，并比较输出结果和实测的输出结果之间的差别[269]，如果得到的结果接近于实测，则认为模型较为准确。然而，采用什么指标去定义这种"差别"，如何进行模拟结果和实测结果之间的比较，在模拟研究领域存在较多的讨论。

Willmott[270]用模拟和实测结果之间的 Pearson 相关系数来评价模型的准确性是不够的，他结合前人的研究，比较了平均偏差、均方误差、平均绝对误差等多种指标在一个土壤水分蒸发量计算模型中的表现，并指出使用这些评价偏差大小的指标来说明模型的准确性是必要的。Gauch 等人[271]提出模型准确性的评价是和模型的应用目标密切相关的。在模型用来作预测的情况下，他考察了若干种不同的统计指标，并分析了这些指标的合理性和科学性。Robinson[272]指出了模型评价中普遍遇到的若干问题，同样提到模型的评价应当基于其最终的应用，因此没有普适的评价指标和方法。Shiffrin 等[273]强调了模型评价在模拟中的基础作用，在面临多种模型选择的情况下，有必要通过一定的评价方法来说明一个模型是不是足够好，并提出了好模型应该达到的若干标准。

从各个学科中对模型评价的研究中可以看出，模型按照应用的目标进行评价已经成为一个基本共识，然而在模型评价应该选取的指标以及具体的方法上，由于模型本身的特殊性及应用目标的多样性，很难给出广泛适用的方法。在人行为模拟研究领域，Gaetani 等[274]对模型的评价开展了讨论，提出了 fit-in-purpose 的框架，认为应该根据模型最终的应用目标选择相应的指标对模型进行评价，但是没有给出具体的方法。人行为模型本身的随机性又带来了新的挑战，因此需要借鉴按应用目标进行评价的思想，提出一套适用于人行为模拟的模型评价方法。

基于以上讨论，本章的核心问题可以归纳为以下几点：

（1）对比指标的选取。不同的模型针对的是不同的应用场景。在评价模型之前，首先应该选取合适的指标。目前基于拟合优度等的评价方法停留在数理统计的层面，和模型最终的应用没有紧密联系。

（2）模拟随机结果的表述。模型的随机性导致计算结果形成一个概率分布，而不是一个单一的值。为此需提出可描述这种随机结果的表述方式。

（3）模拟随机结果和实测结果的对比方法。直接对比单次模拟的结果和实测结果，并没有考虑到模型随机性带来的影响。需提出一种对比概率分布和实测结果值的方法。

4.5.3 人行为模型评价的技术路线

随机模型的特征导致原有的确定性评价方法不再适用，而基于随机性用覆盖性去评价的方法又难以衡量覆盖的好坏。从模拟结果和实测结果之间差别显著性的角度来看，本章提出一种针对随机模型的评价方法。

在模型对比指标的选取上，如上文分析所述，需要根据模型最终的应用提出相应的指标。因此有必要对工程中人行为模拟的需求进行深入的分析。在模拟形成的随机结果的表述上，多次模拟的结果形成了一个关于模拟结果的概率分布。从统计学角度来看，所有的模拟结果作为一个总体，形成一个概率分布，单次模拟结果相当于从该总体中做一次抽样。有了多次的模拟结果，即需要从这些模拟结果估计总体分布的函数形式。拟合优度检验可用于解决该问题[275]，该方法可用于检验观察到的样本是否符合某一个特定的理论分布。

对于模拟结果的分布和实测结果的对比而言，由于模拟结果不是一个单一值，所以两者之间无法进行直接对比。模拟结果的分布表达了选取到某个特定值的概率，如果这个概率很小，则可以认为该次取样显著偏离了模拟结果的分布。采用这种思想，可以通过假设检验，判断实测结果是否在置信区间内的方法，判断模拟和实测结果之间的接近程度。如图 4-53 所示，如果实测值落在模拟值的大概率区间内，那么模型可认为是有效的。而如果实测值位于模拟值的小概率区间，那么认为这种偏差是显著的，也就可以拒绝认为模型有效的假设。

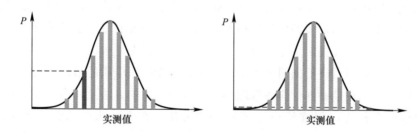

图 4-53　实测值和模拟值分布对比示意图

综上所述，本章提出的模型检验方法如图 4-54 所示。一方面，从文献中总结出模型的应用场景，根据不同的应用场景提出相应的检验指标。另一方面，由案例中实测的数据建立相应的模型，并且用模型多次计算得到此前提出的指标值，通过拟合得到模拟结果的概率分布。同时，在实测案例中也可以获得相应的指标。最后，由之前提出的指标，对不同模型模拟的结果进行基于假设检验的评价。

模型的评价应该和模型的最终应用相联系。针对不同的应用，模型的评价指标也应当不同。从能耗模拟的角度来看，典型的应用场景为模拟计算得到总能耗，以对比不同设计方案的能耗情况[276,277]。在选取指标时，应当首先分析模型的应用场景，并从应用场景中提取出代表性的指标。

4.5.4　模拟随机结果的表述

在分析模拟结果之前，考虑到人行为模型引入的随机性，有必要说明定量评价模拟结果和实测结果之间差别的方法。单次模拟计算的结果无法反映随机性模型带来的影响，因此需要采用统计学的方法定义和解决这个问题。

令 X 代表模拟结果的随机变量，例如最后模拟得到的总能耗或总的运行时间，服从某一未知的概率密度函数 $X \sim f(x)$，x_0 代表相应的实测结果。为了说明模拟结果准确，x_0 需要和 X 接近。由于 X 表示为一个概率分布，无法通过单次模拟结果 x 和 x_0 的对

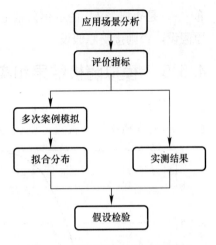

图 4-54　模型检验的技术路线图

比来确定两者之间的接近程度。此时可行的方法是，如果 x_0 落在 X 的置信区间内，则认为两者之间足够接近。因此，首先需要一种方法估计未知的概率分布 $f(x)$。确定了概率分布 $f(x)$ 以后，可以方便地计算出其置信区间，并判断 x_0 和这个置信区间的关系。未知的概率分布 $f(x)$ 可通过拟合优度检验的方法得到，而 x_0 和该分布的接近程度可通过参数检验的方法得到。拟合优度检验是一种根据若干样本估计一个未知概率分布 $p = f(x)$ 的方法。若样本 X_1，X_2，……，X_n 抽取自分布 $X \sim f(x)$，相应的经验分布函数可表示为：

$$S(x) = \frac{\sum_1^n N(i)}{n}, \text{其中 } N(i) = \begin{cases} 1 & \text{当 } X_i \leqslant x \text{ 时} \\ 0 & \text{当 } X_i > x \text{ 时} \end{cases} \tag{4-30}$$

理论上的概率分布函数可表示为：

$$F(x) = \int_{-\infty}^x f(t)\mathrm{d}t \tag{4-31}$$

统计量 T 定义为 $S(x)$ 和 $F(x)$ 之间的最大值，即：

$$T = \sup_x \left| F(x) - S(x) \right| \tag{4-32}$$

T 的概率分布取决于 $F(x)$ 的函数形式，因此计算 p 值的方法并不统一[278]。

当 $F(x)$ 为正态分布时，可用 Lilliefors 检验[279]来评价拟合优度。对于给定的样本 X_1，X_2，…，X_n，待检验的假设可写为：

$$\begin{cases} H_0: X_i \text{ 取自正态分布总体 } N(\mu, \sigma^2), \text{其中 } \mu, \sigma^2 \text{ 未知；} \\ H_1: X_i \text{ 不服从正态分布总体。} \end{cases}$$

样本均值可作为概率分布中标准差 σ 的一个估计值。对样本进行标准化 $Z_i = (X_i - X_{\mathrm{bar}})/S$，定义 Lilliefors 统计量（Lilliefors'T）为：

$$T = \sup | \Phi(x) - SZ(x) | x \tag{4-33}$$

其中，$\Phi(x)$ 为标准正态分布 $N(0,1)$ 累计函数在 x 处的取值，$SZ(x)$ 为 Z_1，Z_2，……，Z_n 的经验分布函数。该统计量的直观意义如图 4-55 所示，即为经验分布函数和标准正态分布在 y 轴上的最大距离。在 H_0 成立的前提下，可求出 Lilliefors 统计量的分布，进而确定 p 值。Lilliefors 统计量的分布目前尚未找到解析表达式，通过多次模拟计算得到近似分

布[280]。是否接受 H_0 的 p 值阈值通常取为 0.05，即如果计算得到的 p 值小于 0.05 则拒绝原假设，否则接受原假设。

4.5.5 模拟随机结果和实测结果的对比方法

当得到了 $f(x)$ 的具体形式以后，就可以比较 x_0 和分布 $f(x)$。基本思路是，如果 x_0 被 $f(x)$ 的大概率区间覆盖，则认为模拟结果 X 和 x_0 接近。

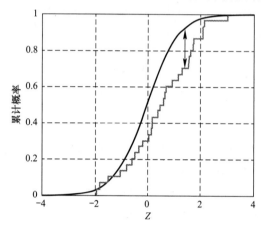

图 4-55 检验分布函数和标准正态
分布对比示意图

该问题可定义为一个参数检验问题。当 $X \sim N(\mu_0, \sigma_2)$ 时，若 x_0 偏离大概率区间，即：

$$T = \sup \mid \Phi(x) - SZ(x) \mid x \quad (4\text{-}34)$$

$$p(\mid \mu_0 - x_0 \mid > C) < \alpha \quad (4\text{-}35)$$

其中 α 为判断 μ_0 是否接近 x_0 的阈值，通常取为 0.05。若上式成立，说明 x_0 落在了概率分布的小概率区间，因此应该拒绝 H_0。在正态分布的条件下，式（4-35）可写为：

$$p\left(\left| \frac{(x_0 - \mu_0)}{\sigma_0} \right| > \mu_{\frac{\alpha}{2}} \right) < \alpha \quad (4\text{-}36)$$

其中 $\mu_{\frac{\alpha}{2}}$ 是标准正态分布 $N(0,1)$ 的上 $\frac{\alpha}{2}$ 分位数。

4.5.6 模型评价案例

1. 照明行为模型的若干评价指标

模型应用场景的多样性也对检验指标提出了不同的要求。这些应用场景可以从文献中总结得到，本节综述文献中提到的照明行为模型应用及指标。

（1）总能耗计算及节能潜力分析

大部分关于照明行为模型应用的文献着重分析了照明的总能耗，以及采取一定的措施后带来的节能潜力。Mahdavi 等人[20]对一栋办公建筑中的照明行为建立了模型，并基于模型分析了增加自动调暗和关灯的控制以后带来的显著的节能潜力。Bourgeois 等人[281]做了类似的研究，定义了不同的照明控制方法，模拟得到不同控制方法下的照明能耗，结论为采用手动控制加无人时自动关灯的控制方法可达到较好的节能效果。其他大量研究[282]也针对不同的背景，分析了总的照明能耗和节能潜力。

（2）用于能耗模拟的典型曲线

典型曲线可作为动态能耗模拟中的输入，代表行为的平均特征，在现有的能耗模拟软件中这也是常见的做法[283]。Eilers 等人[284]获得了工作日的人员在室作息，并且分析了人员在室行为和照明控制行为的关系，发现在有人员传感器的办公室内，人们倾向于依赖传感器来关闭照明，而不会手动关闭。Chung 和 Burnett[285]提出了一种模拟办公建筑中人员在室情况和照明状态的模型，人员在室情况区分了开始有人、短暂无人和无人三种状态，并认为有人时照明开启，无人时在一定的延迟时间后关闭照明。文章分析了采用不同延迟时间的典型照明曲线，并用这些曲线分析不同延迟时间对照明能耗的影响。

（3）短期的需求预测

在需求侧响应的研究中，往往要做准确的短时间能耗预测，为此需要很好地预测末端用户的行为[286]。Stokes 等人[287]提出了一种新的段时间步长（小于 1h）模拟住宅中照明能耗需求的方法，为电网供应控制提供参考。Richardson 等人[288]提出的模型由多种因素计算得到开灯概率，并建立了一个预测开灯时长的模型来确定关灯的时刻。作者用这个模型模拟单个住宅及多个住宅中短时间的照明能耗需求。Widen 等人[289]的模型讨论了住宅中人员在室和照明可控制性对照明需求的影响，并分析了短时间内的照明能耗变化。

（4）灯具使用寿命

照明模型还有其他一些应用场景，但是相关的研究并不多。灯具使用寿命是其中一项研究。Li 和 Lam[290]分析了办公楼某走廊中灯具的开关频次，提到高频的照明开关控制可能会对人造成困扰，并缩短照明灯具的使用寿命。

（5）指标小结

以上综述给出了照明行为模型的几种应用场景，根据不同的应用场景可以确定相应的评价指标。表 4-9 总结了照明行为模型的应用和指标。在分析照明总能耗或采用一定措施后带来的节能量时，总照明能耗是关心的指标。在进行一般的能耗模拟中，可采用典型的照明曲线。在短期能耗预测中，则需要对照明的状态进行逐时刻的对比。最后，在分析灯具使用寿命时，则需要关注照明开关的频次。

照明行为模型应用场景及相应指标　　　　　　　　　　　　　　　　　　　　　表 4-9

应用场景	指标
总能耗及节能潜力分析	总能耗
用于能耗模拟的曲线	典型曲线
短期能耗预测	逐时刻对比
灯具使用寿命	照明开关频次

2. 案例介绍

实测的案例房间为位于北京的一栋小型办公建筑中的某办公室，监测时间为 2013 年 8 月 16 日至 2014 年 1 月 3 日。监测内容包括人员在室情况、室内照度和照明开关状态，时间步长为 10min。办公室在建筑中的位置及办公室的内部如图 4-56 所示。

在已有人员在室情况、室内照度和照明开关状态的情况下，可以建立不同的照明行为模型。以下几小节分别介绍本研究中实现并对比的 5 种模型。

（1）统计性模型

统计性模型通过一天的累计频率，得到各时刻开灯的概率值。例如，如果实测数据中有 n 天，其中 m 天在时刻 t_0 时照明为开启状态，那么该时刻的照明开启概率定义为 $p(t_0)=m/n$。对每个时刻做统计，即可得到累积的概率曲线，如图 4-57 所示。

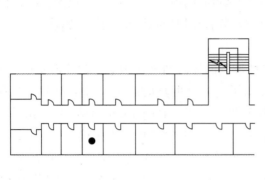

图 4-56　实测办公室位置及内景

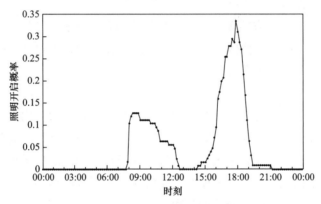

图 4-57　统计性模型概率曲线

（2）确定性模型

Mahdavi 和 Tahmasebi[104]的研究建立了描述人员在室情况的确定性模型，各时刻人员在室情况的概率只取为 0 和 1。本书中的确定性模型采用了同样的方法得出，下文简称为模型 D。照明开启的概率取 0 或 1，保证曲线下方的面积和模型 S 曲线下的相等。图 4-58 给出了最终得出的确定性模型，该模型中已无随机性的影响。由统计性模型可知，每天各时刻照明开启的概率较小，因此在确定性模型中，每天开启照明的时间小于 2h。

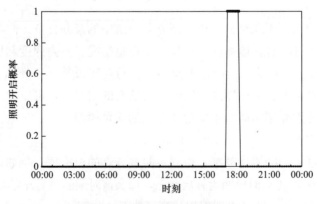

图 4-58　确定性模型概率曲线

（3）Hunt 模型

Hunt[263] 提出了一个将开灯概率作为房间照度函数的模型（下文简称为模型 H），模型的形式如下：

$$p = a + \frac{c}{1 + \exp[-b(x - m)]} \tag{4-37}$$

其中，a，b，c，m 为通过曲线拟合确定的待定参数，x 为以 10 为底的房间照度的对数，p 为开灯概率。该概率分布与另一个描述各时刻不同照度出现的概率分布相乘，得到各时刻最终的开灯概率。由于缺少足够的实测数据，作者假设开关灯行为只会出现在人员上下班及吃午饭的时段，而忽略平时随机走动带来的离开房间的事件。关灯行为在下班及吃午饭时一定触发。

由于本书有一定量的数据，对该模型作了两方面的改进：1）因房间照度已知，只考虑描述照明开启概率和房间照度之间的函数关系；2）中途在房间内开灯的行为也包含在计算开灯概率的过程中。最终拟合得到的模型 H 开灯的概率曲线如图 4-59 所示。

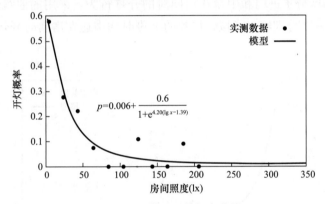

图 4-59　H 模型开灯概率曲线

（4）Wang 模型

Wang 等人[291] 提出了描述人行为动作的通用模型（下文简称为模型 W）。该模型将人员开灯的行为和室内照度建立函数关系，函数行为如下

$$p = \begin{cases} 1 - \exp\left[-\left(\frac{u - x}{l}\right)^k \Delta\tau\right] & \text{当 } x > u \text{ 时} \\ 0 & \text{当 } x \leqslant u \text{ 时} \end{cases} \tag{4-38}$$

其中，u，l，k 为通过曲线拟合确定的待定参数，x 为室内照度，$\Delta\tau$ 为时间步长（min），p 为开灯的概率。关灯的概率则与多种事件相关，包括短暂离开、吃午饭和下班离开等。如果人员下班离开发生了 n 次，有 m 次人员在离开时关灯，那么离开时关灯的概率计算为 $p = m/n$。

拟合得到的开灯概率随室内照度变化的曲线如图 4-60 所示。关灯的概率在不同事件发生时的概率如下。

$$p = \begin{cases} 0.128 & \text{短暂离开时} \\ 1.0 & \text{吃午饭时} \\ 1.0 & \text{下班离开时} \end{cases}$$

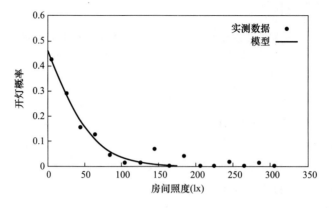

图 4-60　Wang 模型开灯概率曲线

（5）Reinhart 模型

Reinhart[19] 提出了 Lightswitch－2002 模型（下文简称为模型 R），用于照明和窗帘行为的模拟。该模型区分了进门和中途在房间时的开灯行为，采用的曲线形式和模型 H 相同。图 4-61 和图 4-62 分别给出了拟合得到的上班时和中途在房间时开灯概率随室内照度变化的函数曲线。

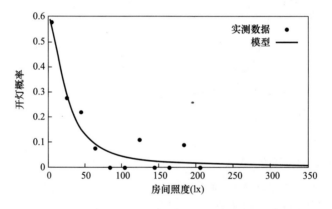

图 4-61　Reinhart 模型开灯概率曲线（上班时）

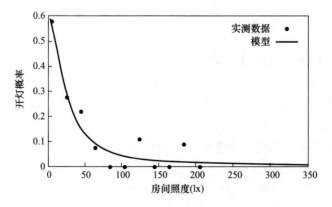

图 4-62　Reinhart 模型开灯概率曲线（中途）

该模型中的关灯概率和人员离开相关，是人员离开时长的函数。离开的时长离散为几个区间，可统计出各区间内关灯的概率。图 4-63 给出了根据实测结果得到的不同离开时长下的关灯概率。

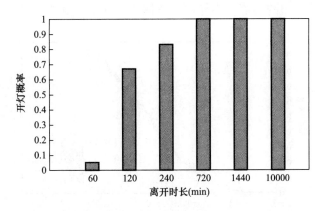

图 4-63　Reinhart 模型关灯概率随离开时长的变化

3. 各模型的评价与分析

第 4.5.6 节第 1 条对照明行为模拟的应用指标和建立的模型进行了综述，在此基础上即可对不同的模型进行多次模拟。在这些多次的模拟中，人员在室情况和室内照度设置相同，避免因人员在室和室内照度的随机性对模拟结果的影响。随机的人行为模型导致模拟得到的结果呈现一个概率分布的形式，而不是一个确定值。除了确定性的模型 D 只计算一次以外，本书中每个模型进行了 100 次模拟，并由模拟结果估计总体分布。接着，采用第 4.5.5 节提出的实测和模拟结果的比较方法，在不同指标下进行对比分析。

（1）总能耗

本案例中假定灯具的功率一定，总能耗可以由总的灯具开启时间代替。100 次模拟得到的照明开启总时长如图 4-64 所示。实测中的照明总开启时长为 149h。从该图中大致可看出，模型 H 的结果明显低于实测值。其他模型的结果基本在 149h 附近变化。

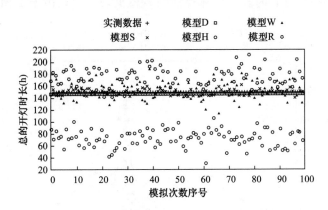

图 4-64　各模型模拟得到的照明总开启时长

对各个模型多次模拟的结果进行 Lilliefors 检验。首先计算各模型结果的 Lilliefors 统计量。图 4-65 所示为标准化以后的经验分布函数和标准正态分布的对比。可见，这些随机模型都较为接近正态分布。通过计算 Lilliefors 统计量和 p 值，可以定量确定模型模拟结果和标准正态分布的差别，见表 4-10。计算结果表明，这些随机模型的模拟结果均可认为服从正态分布，该分布的均值 μ 由样本均值估计，方差 σ^2 由样本方差估计。

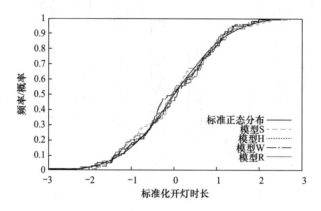

图 4-65　各模型模拟总能耗的经验分布函数和标准正态分布比较

各模型模拟得到开灯时长的 Lilliefors 统计量和 p 值　　　　表 4-10

模型	S	H	W	R
样本均值	149.4	72.5	151.3	172.8
样本方差	19.8	196.9	204.1	274.4
Lilliefors 统计量	0.067	0.042	0.079	0.148
p 值	0.296	1.000	0.127	0.148

图 4-66 给出了拟合得到的各模型模拟结果的概率密度函数曲线。四条正态曲线为不同随机模型下总开灯时长的概率分布。左侧带有"×"的竖线表示模型 D 的模拟开灯时长，右侧的竖实线表示实测的开灯时长。从图中可见，除了模型 H 以外，其他模型都得到了接近实测的模拟开灯总时长。计算得到的 p 值见表 4-11，由于 p 值大于 0.05，模型

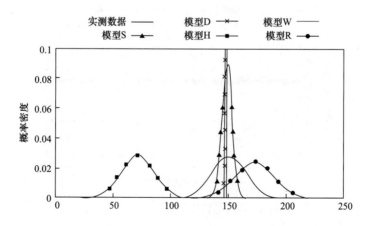

图 4-66　模拟开灯总时长和实测开灯总时长的对比

S、模型 W 和模型 R 在模拟开灯总时长的意义上通过检验，模型 H 未通过检验。对于确定性的模型 D，它和实测结果的差别为 1.3%，也可认为通过检验。

实测开灯总时长在模拟分布中 p 值　　　　　　　　　　　表 4-11

模型 S	模型 H	模型 W	模型 R
0.93	5.0×10^{-8}	0.97	0.15

（2）典型曲线

第二个可用的指标为典型曲线，即一天各时刻照明开启的概率或比例。各模型模拟得到的典型曲线以及实测结果如图 4-67 所示。模型 S 得到的结果几乎和实测相同，这是因为该模型实际上就是按照各个时刻照明开启的比例统计的。模型 D 的结果在典型曲线的意义上和实测结果存在很大的差别。

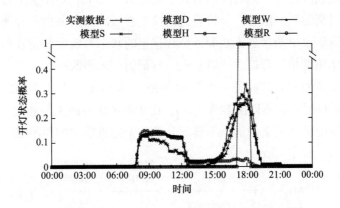

图 4-67　模拟开灯各时刻概率曲线和实测的对比

为了比较不同模型下的典型曲线，图 4-68 给出了各模型经验累积分布函数曲线。从图中可看出，模型 W 和模型 R 对典型曲线的近似较好，而模型 H 和模型 D 的近似较差。关于分布的定量比较是拟合优度检验的一个变体，不同之处在于这里评价的是两个经验分布之间的差别，此时可用两样本 Kolmogorov-Smirnov 检验[292]。该检验的零假设是两个样本抽取自同一个概率分布，这个零假设可以通过比较两者经验分布函数之间的最大距离来检验。

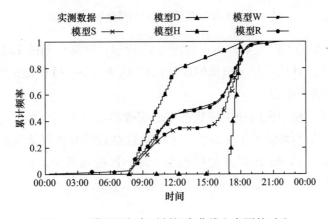

图 4-68　模拟开灯各时刻概率曲线和实测的对比

基于得到的典型曲线，进行了不同模型模拟结果和根据实测统计的结果的两样本 Kolmogorov－Smirnov 检验，计算了该检验下的 p 值。表 4-12 给出了不同模型典型曲线的两样本 KS 统计量及 p 值，结果表明如果选择的 p 值阈值为 0.05，那么模型 S 对典型曲线的估计好，而其他模型没有对典型曲线做出良好的估计。

不同模型典型曲线的两样本 KS 检验　　　　　　　　表 4-12

模型	S	D	H	W	R
KS 统计量	0.083	0.389	0.264	0.188	0.174
p 值	0.681	3.5×10^{-10}	6.4×10^{-5}	0.011	0.022

（3）各时刻对比

短时间的能耗预测在需求侧响应的研究中具有重要意义。本小节通过比较模拟照明状态和实测值在各时刻的开关状态，来检验这些模型在短时间内做能耗预测的能力。首先统计了不同模型计算结果中的状态不匹配数量。这里的状态不匹配是指在特定的时刻如果模拟结果为关灯，实测结果为开灯，或者相反，则记为一次不匹配。

各模型多次模拟的开光灯状态不匹配数如图 4-69 所示。由于实测结果是基准值，不匹配数是 0。模型 D 得到的不匹配数为 1256。由于不考虑时间上的相关性，模型 S 的不匹配数较大，在短期能耗预测上的能力不佳。其他三个随机模型的预测能力在同一水平上。

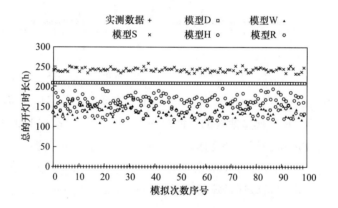

图 4-69　各模型模拟得到的照明状态不匹配数

可画出标准化后的不匹配数分布，如图 4-70 所示，计算得到的 Lilliefors 统计量和 p 值在表 4-13 中列出。可见，在 p 值阈值取为 0.05 的条件下，这些随机模型模拟的不匹配数均可用正态分布进行拟合。

图 4-71 给出了个模型模拟开关灯状态不匹配数的正态分布函数。这里的实测值作为一个基准，和模拟值之间必然存在差别。采用参数检验的方法将使所有模型无法通过检验。通过观察可以发现，模型 W 在这些模型中的不匹配数最少，其次为模型 R。其他模型得到的不匹配数比这两个模型更多，也更加偏离实测结果。

（4）照明开关频次

文献中总结出的最后一个指标为开关照明的频次，在这里定义为出现照明状态从关到开的总次数。类似于之前的分析，多次模拟下的开关照明频次如图 4-72 所示。模型 S 模拟的照明开关频次极高，这也是该模型不考虑时间相关性所引起的。模型 D 和模型 H 分别有显著高于和低于实测的照明开关频次。模型 W 和模型 R 在预测开关灯的次数上具有更好的准确性。

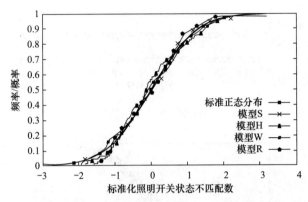

图 4-70　各模型模拟结果的不匹配数经验分布函数和标准正态分布比较

各模型模拟得到不匹配数的 Lilliefors 统计量和 p 值　　　　　表 4-13

模型	S	D	H	W
样本均值	1459	1031	804	845
样本方差	855	5016	6240	9394
Lilliefors 统计量	0.046	0.083	0.056	0.074
p 值	0.884	0.089	0.880	0.180

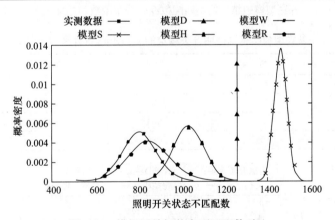

图 4-71　模拟开关灯状态不匹配数对比

多次模拟下照明开关频次标准化后和标准正态分布的对比如图 4-73 所示，计算的 Lilliefors 统计量和 p 值见表 4-14。计算的 p 值均大于 0.05，因此随机模型多次模拟的照明开关频次可用正态分布拟合。

各模型模拟的照明开关频次和实测结果如图 4-74 所示。紫色的竖线代表实测的照明开关频次。从直观上可见模型 W 和模型 R 在照明开关频次的模拟结果上优于其他模型。表 4-15 列出了实测照明开关频次在模拟分布中的 p 值，其中模型 R 可认为通过检验，而其他模型在模拟照明开关频次上有所偏离。

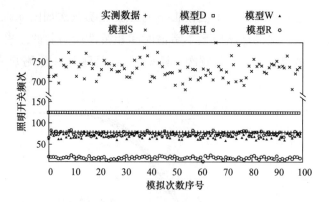

图 4-72　各模型模拟得到的照明开关频次

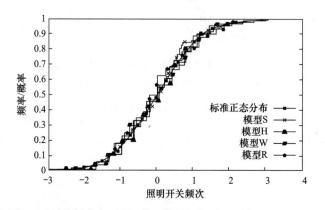

图 4-73　各模型模拟结果的不匹配数经验分布函数和标准正态分布比较

各模型模拟得到照明开关频次的 Lilliefors 统计量和 p 值　　　　表 4-14

模型	S	H	W	R
样本均值	731	16	67	74
样本方差	477.7	8.3	25.9	19.0
Lilliefors 统计量	0.083	0.055	0.115	0.001
p 值	0.083	0.088	0.079	0.121

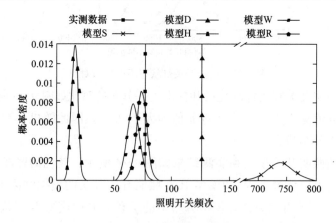

图 4-74　模拟照明开关频次和实测照明开关频次的对比

各模型模拟得到照明开关频次的 Lilliefors 统计量和 p 值　　　表 4-15

模型 S	模型 H	模型 W	模型 R
0	0	0.047	0.48

4. 照明案例小结

从以上模拟结果的分析来看，模型模拟的准确性和其应用场景，或者说特定的指标是密切相关的。表 4-16 小结了不同模型在不同指标下的检验结果，带星号的表示所在行的模型在针对所在列的指标下具有较好的准确性。

不同模型在不同指标下的检验结果　　　表 4-16

指标	模型 S	模型 D	模型 H	模型 W	模型 R
总能耗	*	*		*	*
典型曲线	*				
逐时刻对比				（最接近）	（其次）
照明开关频次					*

从以上分析中可以看到，在考虑不同指标时，对模型的检验会产生不同的结论。造成模型不准确的部分原因在于模型的基本假设。

从之前的对比来看，模型 H 在各指标下的表现均不佳。Hunt D 在其文章中提到这个模型不期望用于逐时的模拟，而只用于总的照明时长估计。缺乏实测数据的事实使得作者未考虑除上下班和吃午饭时间段内的开关灯行为，并且他在对比考虑和不考虑中途开关等行为的模拟结果以后，指出考虑这些中途开关并没有显著提高模型的准确性。然而，本书的实测案例在中途开灯的频次较多，使得模型 H 的模拟结果不理想。在模拟结果和实测进行对比时，首先将多次模拟的结果用一个概率函数进行估计，因为这些模拟实际上只是相当于从总体中抽取的样本，故没有直接采用这些样本和实测结果进行比较。由于所有可能的模拟结果无法通过无限次的模拟获得，本章利用拟合优度检验的方法对结果进行了拟合。这样解决了从有限次模拟的结果来估计所有可能结果的问题。

其他的行为，例如空调系统或者窗户的开关等，由于和室内环境存在非常强的耦合性，相比于照明行为的模拟将更加复杂。在这些行为的模拟中，触发因素例如房间温度等无法提前给定，因为它们反过来也受到行为动作是否发生的影响。以开关窗行为为例，如果室内温度作为触发开窗行为的自变量，那么就不能在模拟之前提前给定室内各时刻的温度。此时应以室外环境为边界条件，并逐时刻模拟室内温度及窗户状态。尽管如此，本章提出的框架仍然适用。

第 5 章　典型行为模式及分布的提取和检验方法研究

典型行为模式及分布对纷繁复杂的行为模式做了一定的简化，以用于实际工程问题的分析。得到的典型行为模式及分布是否能反映现实中人的行为模式，是一个需要进行检验的问题。本章针对典型行为模式及分布的提取和检验方法开展研究。在综述研究现状的基础上，提出典型行为模式及分布生成方法的框架。首先，基于问卷数据对应得到模型参数，并通过模拟手段得到不同行为模式下的能耗。其次，采用聚类分析的方法，在最终得到的能耗意义上对这些行为模式进行分类，得到若干种典型行为模式及其分布。最后，以夏热冬冷地区供暖行为调研为案例，说明该方法的具体实施过程。

5.1　典型行为模式的研究现状

在工程设计、标准制定、技术评估等人行为模型的实际工程应用中，往往需要基于大范围人群统计的典型行为模式及分布，而不追求个体行为描述的准确性。此时需要采用反映我国实际用能行为的典型模式作为模拟的标准输入，以此为基准，保证能耗模拟结果与我国建筑实际用能水平相一致，从而确保模拟对节能技术措施的评价符合工程实际。

5.1.1　典型行为模式的应用综述

在能耗模拟领域，已有相关研究尝试采用若干种典型行为模式进行能耗水平和节能技术的分析。Sun 和 Hong[293]设置了若干种不同的开关灯行为、开关空调行为和模拟案例，分析了改变人行为带来的节能潜力。Karjalainen[294]在建筑能耗对人行为敏感性的研究中定义了三种行为模式：careless、normal 和 concious，并且定义了三种行为模式下使用照明和电脑的具体描述。这些行为模式构成了模拟建筑能耗的输入。类似地，Barthelmes 等[295]定义了三种行为模式：low、standard 和 high，并且给出了不同行为模式下的供暖空调设定温度、通风换气次数、照明和窗帘、生活热水等的使用习惯，并以此为基础模拟不同使用模式下的耗电量。Feng 等人[296]设置了不同用水量和用水时间的典型用水行为模式，用于分析用水行为对太阳能生活热水系统能耗的影响。Anderson 等人[297]则从人的热舒适性角度出发，以不同的 PMV 值对应不同的行为动作，定义了两种典型模式分析人行为对各项能耗的影响。Fabi 等人[298]考虑了住宅中不同的供暖设定温度，分类出三种行为模式，室内设定温度分别为 21℃、20℃和 18℃，并通过模拟研究了设定温度对住宅供暖能耗的影响。

以上相关研究中，均将典型行为模式作为定量能耗模拟分析的工具，这些研究也充分说明了典型行为模式的重要性。然而，在如何得到这些典型行为模式上，这些文献并没有给出详细的方法，很大程度上依赖于作者的经验和假设。为了使得能耗模拟的结果符合实际用能现状，并能将人行为作为进一步分析的实用工具，就需要提出能够反映用能现状的若干种典型行为模式。如何从多样化的行为模式中得到几种典型行为模式，并且知道每种典型行为模式在人群之中的比例，是在人行为模拟应用研究中需要解决的问题。

5.1.2　典型行为模式的提取方法研究综述

人行为本身具有多样性的特征，人和人之间在行为的驱动因素、对设备的使用习惯等方面均存在较大差异。为了从这种多样性里提取出典型行为模式，随着监测技术和数据分析手段的进步，国内外学者提出了若干种方法。

O'Brien 等人[299]监测了 6 个单人办公室的人员在室情况，并且采用 Page 等人的模型[23]对每个办公室的数据分别进行拟合，得到单人模型中需要的参数。之后根据参数服从正态分布的假设，估计总体人群中各参数的概率分布，用以刻画位移行为的多样性，并分类得到几种不同的模式。Haldi 等人[300]在欧洲多个国家选取了办公室进行室内环境的监测，并且采用问卷记录人员开关供暖、开关窗等行为的发生，最后以广义线性回归的方法获得模型中参数的概率分布。这种采用实测案例描述典型行为模式的方法，仍然受限于实测的案例，难以大规模复制，也就难以说明案例中获得的模式的代表性。

Yu 等人[301]基于监测的实时能耗数据，采用了聚类分析的机器学习方法，对人行为产生的能耗影响进行分类，每一类中的能耗分项具有不同的组成特征。Abreu 等人[302]也采用了聚类分析方法，从网络调研的数据中分类获得了三类用能特征，并构造了这三类用能特征下逐时的用能曲线。Ren 等人[303]对某住宅监测的供暖温度设置和能耗进行了数据挖掘，根据室内温度曲线分类出了 5 类住户，并分析了这 5 类住户对供暖系统的不同使用方式。这种利用实时能耗数据结合数据挖掘的方法，在监测平台完善的情况下克服了获取数据有限的问题，但是这种方法一般从表象的能耗数据出发，缺乏对人行为本身的描述，也就无法对行为本身进行分类。

在其他领域中，社学会领域存在较多的和人的行为相关的研究，该方面的研究一般采用标准化的问卷调研，具有覆盖面广的优势。Landers 和 Lounsbury[304]对 117 名学生开展了问卷调研获得性格特征和使用因特网的频率和时长等，并探究性格特征和因特网使用方式之间的相关性。Ryan 和 Xenos[305]法，研究了性格特征和 Facebook 使用习惯之间的相关性。Narnia 和 Book[306]则利用问卷对受试者的性格以及他们在电子游戏中发挥的作用之间进行了相关性研究。在这些研究中，一般提出某种性格属性和行为之间的相关性假设，并分析问卷调研的结果来肯定或否定这种假设。总的来说，社会学领域主要研究人的社会学和心理学属性对人行为的影响，并定性给出人行为之间的差异[307,308]。社会学领域的研究方法清晰，有较多前人研究基础上可用的标准调研手段，但是研究成果关注于属性和行为之间的相关性，难以直接应用于能耗模拟。

5.1.3　典型行为模式的检验方法研究综述

在生成典型行为模式的过程中，实际上引入了若干方法上或者假设上的偏差，例如调研的人群样本在人群总体中的偏差、人对问卷的主观理解偏差、问卷定性数据到定量数据的偏差、模拟案例和实际建筑的偏差等。表 5-1 总结了在生成典型行为模式研究中可能引入偏差的过程。

典型行为模式生成中引入的偏差分析   表 5-1

过程	偏差分析
问卷抽样	选取的样本和总体在构成上的偏差
问卷调研	个体理解的偏差
参数映射	将问卷数据转化为模型输入参数的偏差
案例设置	模拟案例和实际建筑、气象条件的偏差
人行为模拟	人行为模型和实际行为的偏差

在采用问卷调研和模拟的方法得到典型行为模式的研究中，以上这些偏差都是客观存在的。为了说明典型行为模式及分布的合理性，就要在允许这些偏差的情况下对其进行检验。典型行为模式在人群中存在一个比例分布，因此需要有一定的方法来说明这个比例分布的合理性。

这里检验的意义在于，保证得到的典型行为模式及分布在能耗意义上反映了现实状况。但是，严格意义的现实状况一般是通过调研或者是模型计算的手段进行估计。所以，这种检验相当于通过模拟得到的分布和其他调研或模型计算得到分布进行对比。

关于典型行为模式的检验，文献中尚未找到较为科学系统的方法。模型的检验一般是对于个体或者是受限的案例，本书第 4.5 节提出的模型评价方法，也并未涉及典型行为模式的检验，而评价的只是单一的模型在单一案例中的表现。O'Brien 等[299]基于若干个办公室的人员位移案例实测，建立了带有不同参数的位移模型，并且推断得出这些位移参数的概率分布，然而该研究中并未对这种推广的合理性做任何检验。Frédéric[122]采用了相同的方法讨论了采用模型参数的概率分布对人员开窗行为的多样性进行建模，但同样未给出具体的检验方法。其他典型行为模式相关的研究中，一般采用典型行为模式作为分析工具[293,295,309]，但并不对典型行为模式的生成和检验做过多的讨论。

典型行为模式及其分布，本质上也是一种名义尺度数据，即无法直接定量说明不同行为模式之间的差别是多少，所以需要一定的指标对其进行检验。这些典型行为模式是否符合现状，从人行为模拟的角度来讲即在用能状况上，采用典型行为模式模拟得到的能耗是否和实际能耗相吻合，所以可以采用能耗作为指标进行衡量。总体能耗仅能通过一定的调研或计算手段获得。在不对总体能耗分布做任何假设的情况下，应该如何对通过典型行为模式模拟和其他调研手段得到的能耗分布进行对比检验，是检验典型行为模式准确与否的关键问题。

5.1.4　典型行为模式研究中的核心问题

综合以上针对典型行为模式生成已有的研究来看，基于实测数据分析的方法受限于样本量，无法说明分类的代表性；基于能耗数据挖掘的研究则停留在表象数据的分析上，缺少能耗数据特征对应下的人行为模式的信息，所以无法直接从行为的角度进行分类；而社会学领域的研究尽管具有较为成熟的研究方法，但是本质上在于探索社会心理等方面的因素对行为的影响，且研究结果也无法直接应用于能耗模拟领域。

此前关于行为模式数据采集的研究中，已经可以通过问卷调研的方法获得描述行为模式的数据。这些描述包含了人行为的驱动因素和对应的强度。但是，这些驱动因素和强度位于不同的维度之下，从度量尺度上来看属于名义尺度数据[310]，即这些量只是代表了一种分类，而无法比较量之间的大小。例如，进门时开空调和觉得热时开空调，从描述本身是无法判定两者之间的大小关系的。所以，首先需要提出一种定量的指标，能够定量衡量这些行为之间的差异。在有了衡量行为模式差异的指标之后，相当于可以对每种行为模式定量，也就可以评价行为模式之间的差异或者是相似性。从问卷调研的结果中可以看到，行为模式是非常多样的。从大量的行为模式中提取出若干种典型行为模式，实际上可认为是一个分类问题。同时，因为预先不知道每种行为模式所属的分类，所以其属于无监督分类问题[311]，需要采用一定的无监督分类方法，对这些行为模式进行分类。

通过典型行为模式及分布，可以模拟得到一个能耗分布。同样，其他的调研手段也可以获得一个能耗分布。问题在于，在总体分布未知的情况下，应如何评价这两个分布的接近程度，如何说明这两个分布可认为是来自同一个总体。

从以上的分析中可总结出提取和检验典型行为模式中需要解决的两个核心问题：

（1）如何对大量行为模式进行分类得到若干个类别，并挑选出典型行为模式；

（2）如何检验得到的典型行为模式及分布是否符合用能现状。

5.2　典型行为模式提取及检验的技术路线

基于所获得的大规模人行为模式基础数据，需要通过科学的技术方法提取典型行为模式及人群分布，以用于工程实践。由于人员行为的多样性和驱动因素的复杂性，直接通过问卷中得到的行为模式汇总将获得大量的行为模式。因此，需要根据不同行为模式对于能耗水平的影响，通过建筑能耗模拟，将行为模式最终导致的能耗作为差异刻画的指标，并进一步通过采用聚类分析的方法，获得若干种典型行为模式及人群分布。

在调研的样本中，最后得到的数据类别为人行为驱动因素和这种驱动因素强度的描述。为了得到若干种典型行为模式及其分布，尚需适当的指标对这些驱动因素及其强度进行分类。人行为模式的描述，可认为是一个无法直接定量的随机变量。例如无法直接说明进门时开空调和觉得热时开空调这两种行为模式之间的定量差别。因此，需要提出适当的指标来衡量人行为模式之间的差别。

在衡量两个变量之间差别时，可存在多种不同的差别定义方式。一个简单的例证就是二维平面上两点之间的距离，符合距离定义中非负性、对称性和三角不等式要求的距离有多种，包括欧氏距离、曼哈顿距离等。类似地，两种行为模式之间的"距离"，也存在多种定义方式。从这些行为模式最终的应用目标来看，由于它们被用作最后能耗水平的评价，因此可以选择这些行为模式影响下最终得到的能耗作为行为模式这种随机变量之间距离的度量。假设行为模式形成一个空间 S，每种行为模式是该空间中的一个点 $x \in S$，模拟的手段可认为是一个映射函数 $f : S \rightarrow R$，将行为模式映射到代表能耗的实数域上，如图 5-1 所示。实数域上即可进行能耗的简单比较，并划分为 n 个区间，对应地可以得到行为模式的 n 个划分，从每个划分中选取一种，即可作为典型行为模式。在这种映射的思想和能耗度量的意义下，就可以对行为模式进行分类。

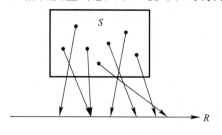

图 5-1　将行为模式映射为实数的示意图

在实数域上对能耗进行分类，由于事先无法得知各个能耗的分类情况，本质上可认为是一种无监督学习，可采用聚类分析的方法得到若干种类别标签。聚类分析通过将数据集中的样本分成若干个不相交的子集来得到划分[104]。这种划分使得类内数据的相似度高，而类间的相似度低[312]。

从统计学角度来看，可以将社会总体（例如总能耗）作为一个概率分布的总体，通过典型行为模式及分布估计的能耗分布，是从社会总体中抽出的一组样本。同样，通过其他调研手段或者模型计算得到的能耗分布，也是从社会总体中抽出的一组样本。这两组样本之间几乎必然存在偏差，如果这种偏差不显著，那么可认为偏差是由抽样样本的偏差不同引起的，此时可认为两组样本反映了同样的社会总体。换句话说，如果认为调研手段或者模型计算得到的能耗分布是有效的话，同样应该接受典型行为模式及其分布的有效性。

在评价这种偏差时，也可以提出多种不同的指标：如果是估计总体能耗的中位数，则需要检验两个样本中位数是否相等的假设；如果是估计总体落在某个区间内的比例，则需要检验对两个样本中各区间内样本量的分布是否一致的假设；如果是估计总体的能耗分布，则需要检验两个样本的分布是否一致的假设。这三种检验对两个样本分布的检验是依次增强的。本章的研究通过定义问卷得到的行为模式到模型参数的映射，采用 DeST 中集成的人行为模拟模块，设置案例模拟不同行为模式下的能耗，以模拟得到的能耗作为指标，采用聚类分析的方法，对这些行为模式进行分类，并最终选取得到若干种典型行为模式，以及这些典型行为模式在人群中的分布比例。通过典型行为模式及分布下的模拟计算得到能耗分布 A，其他的调研手段可以获得能耗分布 B，对两者进行均值的秩检验、极端值的秩检验和两样本 Smirnov 检验，如果检验通过，即可认为典型行为模式通过检验。否则需要对问卷调研中的样本选取、模型参数映射关系、模拟案例的设置等方面进行校准和修正。本章的技术路线如图 5-2 所示。

5.2.1　基于聚类分析的典型行为模式的提取方法

聚类分析是一种无监督学习方法[313]。它通过比较样本之间的距离或相似性，将相似度较高的样本分为一类，相似度较低的样本划分为不同的类别。聚类分析方法的实施过程如下：定义两个点 $\vec{x}_1$ 和 $\vec{x}_2$ 之间的距离一般采用欧式距离，即

$$d(\vec{x}_1, \vec{x}_2) = (\vec{x}_1 - \vec{x}_2)^{\mathrm{T}}(\vec{x}_1 - \vec{x}_2) \tag{5-1}$$

聚类算法中可采用层次聚类[314]的方法，该方法通过根据类间距离不断合并得到的各个簇，并自行设定距离或类别的阈值，得到若干个聚类类别。在定义了上述点之间距离的

基础上，可以定义形成的簇之间的距离，实践上较为稳定的距离可取为 Ward 最小方差距离[315]，定义为：

$$d_{var}(C_i,C_j) = \frac{1}{n_i+n_j}\sum_{p\in C_i\cup C_j} d(p,m_{ij})\tag{5-2}$$

其中，$d(\cdot,\cdot)$ 代表两者之间的距离，m_{ij} 为簇 C_i 和 C_j 合并以后的质心，n_i 和 n_j 分别为簇 C_i 和 C_j 中的样本数量。有了类间的定义以后，即可确定从单个点层次化合并得到各个簇的过程，设置距离或分类数量的阈值以后，就能确定最终的分类。相同分类中的行为模式在能耗意义上的差别较小，可从这些行为模式中挑选出数量较多的行为模式，即可作为在这个分类中的典型行为模式。

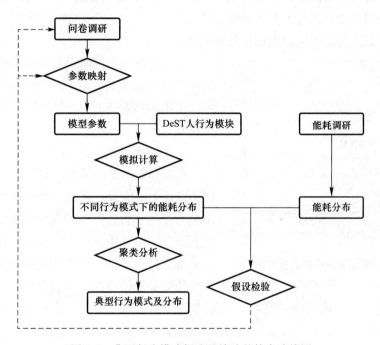

图 5-2　典型行为模式提取及检验的技术路线图

5.2.2　基于假设检验的典型行为模式检验方法

在检验典型行为模式时，可通过比较模拟和调研的两组样本中的能耗分布来检验典型行为模式反映用能现状的假设。下面对若干种常用的检验方法的适用性进行说明。

1. t 检验

从分布上的检验来讲，广泛采用的方法包括关于均值的 t 检验和关于方差的 F 检验等方法。这些检验方法对总体分布做了若干假设。例如在两样本的 t 检验中，假设两个总体均服从正态分布，且两者的方差 σ^2 相等。此时定义统计量 T 为：

$$T = \sqrt{\frac{n_1 n_2}{n_1+n_2}}\frac{(\overline{X}_1-\overline{X}_2)}{S}\tag{5-3}$$

其中，$\overline{X}_1$ 为样本 X_1 的均值，$\overline{X}_2$ 为样本 X_2 的均值，n_1 和 n_2 分别为两样本的样本量，

建筑人员用能行为导论

S 为估计的标准差，定义为：

$$S^2 = \frac{1}{n_1 + n_2 - 2} \left(\sum_{i=1}^{n_1} (X_{1i} - \overline{X}_1)^2 + \sum_{j=1}^{n_2} (X_{2j} - \overline{X}_2)^2 \right) \tag{5-4}$$

此时有 T 服从自由度为 $n_1 + n_2 - 2$ 的 t 分布，即可根据该分布确定 p 值，以及是否接受原假设。这种假设的合理性来源于中心极限定理[316]，即认为最终考察的变量是大量独立随机变量的加和，该变量近似服从于正态分布。然而，能耗分布的正态性假设有待检验，非必然成立[317]，实际调研中也发现这一假设并不完全成立。Santamouris 等[318]对学校的建筑能耗进行了调研，得到了电耗、供暖能耗和总能耗的频率分布，如图 5-3 所示，可以看到各项能耗及总能耗的分布呈现左偏，不具备良好的正态性。徐强等人[319]对上海市大型公共建筑的能耗进行了统计分析，发现其中办公类、商场类建筑的能耗分布可认为是正态分布，而综合商务楼的能耗分布则不符合正态分布。

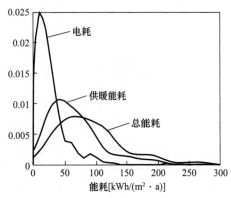

图 5-3　调研学校建筑的电耗、供暖能耗
和总能耗的频率分布

可见正态分布的假设在对比能耗分布时可能是一个过强的假设。在总体分布未知的情况下，可以采用非参数统计[320]中的检验方法对分布进行检验。

2. 中位数检验

在总体服从正态分布的情况下，中位数检验即为两样本 t 检验，通过两个样本均值的差的概率分布得到 p 值。但是能耗分布本身不一定服从正态分布。在总体分布不能确定的情况下，可采用非参数统计中的中位数检验的方法对两个样本的中位数是否足够接近给出评价。假设从总体中取出两组容量分别为 n_1 和 n_2 的样本，可计算在所有样本 $N = n_1 + n_2$ 中的总中位数 m，令 a 和 b 为两组样本中大于 m 和小于或等于 m 的样本数量，S_i 为第 i 个样本中大于 m 的数量，T_i 为第 i 个样本中小于或等于 m 的数量，则可以检验两组样本的中位数是否相等的统计量为：

$$T = \frac{(S_1 - T_1)^2}{n_1} + \frac{(S_2 - T_2)^2}{n_2} \tag{5-5}$$

T 的零分布近似为自由度为弱的 χ^2 分布[278]。如果 $T > \chi^2(1)$，则拒绝两个分布具有相等中位数的假设，否则接受该假设。

3. 卡方检验

卡方检验将样本按照数值大小分为几个类别，并统计各组样本落在这些类别中的数量。如果两组样本服从相同的分布，则落在各个区间内的数量应在很大概率上满足一定的比例关系。通过计算出现样本中偏差的概率，说明两组样本是否可认为来自同一分布。假设有两组样本，样本 1 为 X_1，X_2，……，X_{n1}，样本 2 为 Y_1，Y_2，……，Y_{n2}，样本量分别为 n_1 和 n_2，总样本量 $n = n_1 + n_2$，对样本的数值做一定的划分 C_1，C_2，……，C_{m+1}，使得每个 X_i 和 Y_j 均落在某个唯一的区间 $I_k = (C_k, C_{k+1}]$ 中。记 N_{ij} 为样本 i 落在区间

· 138 ·

I_j 的数量，则两组样本落在区间 I_j 内的总数为 $N_j = N_{1j} + N_{2j}$。定义的统计量为：

$$T = \sum_{k=1}^{m} \left[\frac{(N_{1k} - E_{1k})^2}{E_{1k}} + \frac{(N_{2k} - E_{2k})^2}{E_{2k}} \right] \tag{5-6}$$

其中 $E_{ik} = n_i N_k / n$ 为假设两个样本完全相同时样本 i 落在区间 I_k 内的期望数量。以上得到的统计量 T 的零分布近似为自由度为 m 的 χ^2 分布。如果 $T > \chi^2 (1)$，则拒绝两个分布具有相等中位数的假设，否则接受该假设。

4．两样本 Smirnov 检验

通过典型行为模式计算得到的能耗分布，以及其他调研手段得到的同一地区建筑的能耗分布，可认为是来自同一个总体（即该地区的能耗分布）的两组独立样本。如果这两组样本偏差不大，那么可认为选取的典型行为模式反映了现实的用能现状。

这种两组独立样本是否来自同一个总体的检验，可阐述为一个非参数检验中的两样本 Smirnov 检验问题[279]。以 X 代表通过典型行为模式及分布计算得到能耗的随机变量（形成一个概率分布），以 Y 代表通过其他调研或模型计算得到能耗的随机变量（同样形成一个概率分布），两者可认为是相互独立的。假设 X 的样本容量为 n，各样本为 X_1，X_2，$\cdots\cdots$，X_n，（未知的）分布函数为 $F(x)$；Y 的样本容量为 m，各样本为 Y_1，Y_2，$\cdots\cdots$，Y_m，（未知的）分布函数为 $G(x)$。设 $X(1), X(2), \cdot, X(n)$ 为样本 X_1，X_2，$\cdots\cdots$，X_n 的升序排列，经验分布函数 $S(x)$ 定义为：

$$S(x) = \begin{cases} 0 & \text{当 } x < X_{(1)} \text{ 时} \\ k/n & \text{当 } X_{(k)} \leqslant x \leqslant X_{(k+1)} \text{ 时，其中 } k = 1, 2, \cdots\cdots, n-1 \\ 1 & \text{当 } x > X_{(n)} \text{ 时} \end{cases} \tag{5-7}$$

设 $S_1(x)$ 为根据样本 X_1，X_2，$\cdots\cdots$，X_n 得到的经验分布函数，$S_2(x)$ 为根据样本 Y_1，Y_2，$\cdots\cdots$，Y_m 得到的经验分布函数。定义检验统计量 T 为两个经验分布函数的最大垂直距离：

$$T = \sup |S_1(x) - S_2(x)| \tag{5-8}$$

零假设为 $F(x) = G(x)$，当零假设成立时，可以得到统计量 T 的零分布[321]。如果 T 超过了 $1-\alpha$ 分位数，则以水平 α 拒绝 $F(x) = G(x)$ 成立的假设。具体来说，当置信水平为 α 时，如果

$$T > \sqrt{-\frac{1}{2} \ln\left(\frac{\alpha}{2}\right) \frac{n+m}{nm}} \tag{5-9}$$

则拒绝零假设。

以上提出的三种非参数检验方法，可以对模拟和调研两组能耗样本的中位数、在各个能耗区间内的数量以及整体的分布给出有效的检验。这三种检验在严格程度上是依次递增的。中位数检验相当于仅对两个分布分为较大值和较小值两个区间时，是否具有显著差别进行检验；卡方检验则检验两个分布离散为若干个区间，是否具有显著的差别；两样本 Smirnov 检验针对两者的经验分布函数进行检验，实际上衡量的是两个分布在各个点上的差别是否显著。

5.2.3 夏热冬冷地区供暖的典型行为模式研究案例

人的行为模式在夏热冬冷地区供暖的能耗中有着非常显著的作用，不同的供暖使用模式造成了巨大的能耗差异[2]。在调研中也发现，住宅中人对供暖设备的使用方式差别很大。这些调研定性地了解了人的行为模式的多样性，面对行为模式的多样性如何得到几种具有代表性的行为模式，是本次调研希望解决的问题。

采用问卷星的平台，对夏热冬冷地区的供暖行为模式进行了调研。调研内容包括家庭基本情况、建筑建成年代、使用的供暖设备、供暖行为的驱动力和强度等。并采用上文提出的典型行为模式研究的技术路线获取该气候区供暖典型行为模式。

1. 模拟案例设置

为得到这些不同行为模式对应的供暖能耗，本节设置了案例建筑进行模拟计算。案例建筑为 3 层住宅，每层两户，每户中设置 3 人，供暖房间为客厅、主卧室和一个次卧室。建筑示意图如图 5-4 所示。围护结构参数在表 5-2 中列出。

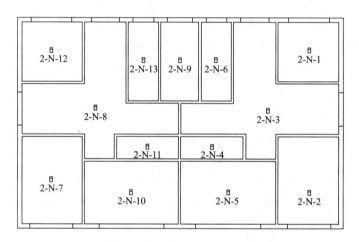

图 5-4　夏热冬冷地区供暖行为模式模拟案例建筑示意图

夏热冬冷地区供暖行为模式模拟案例建筑围护结构参数　　　　　表 5-2

围护结构部件	传热系数 $[W/(m^2 \cdot K)]$
外墙	1.5
屋面	1.0
窗户	2.5

在人行为模拟中，首先需要通过模拟位移生成人员各时刻的在室信息。案例中采用的位移模型为 Wang 等人[24]提出的基于马氏链的模型。该模型根据人员的时间作息、在各房间停留的时间比例和停留时间，模拟得到各时刻人员在各个房间的作息。在住宅中，可设置人员起床、上午出门、下午回家、睡觉等事件，以及人在客厅、卧室等房间的停留时间和比例。在案例模拟中采用的设置见表 5-3 和表 5-4。

通过以上参数的设置，即可对人员在各房间之间的移动进行模拟，采用的时间步长为 10min。通过模拟得到的某天的客厅人数作息如图 5-5 所示，主卧室人数作息如图 5-6 所示。采用该模型，对房间人数变化的随机性特征进行了较好的刻画。在生成房间人数作息的基础上，即可用动作模型对人员的供暖行为进行模拟，进而得到房间温度和供暖能耗等。

人员位移模拟中的时间参数设置　　　　　　　表 5-3

事件	开始时间	结束时间	平均时间
起床	6：00	7：00	6：30
上午出门	8：00	9：00	8：30
上午回家	12：00	12：30	12：15
下午出门	14：00	14：30	14：15
下午回家	18：00	19：00	18：30
睡觉	22：00	23：00	22：30

人员位移模拟中的房间参数设置　　　　　　　表 5-4

房间	停留比例	停留时间（min）
所在卧室	0.45	120
客厅	0.45	120
其他房间	0.1	20

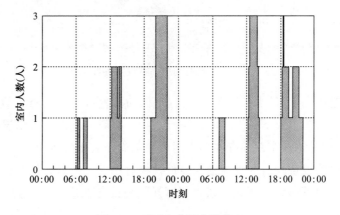

图 5-5　两天内客厅人数作息

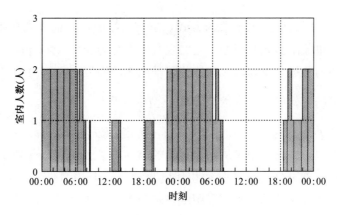

图 5-6　两天内主卧室人数作息

在动作参数的设置上，人行为模块允许输入人行为的触发因素和不同因素的强度。根据提出的参数映射，分别对不同的行为模式设置相应的参数。设置界面如图 5-7 所示，以供暖行为为例，可以在界面中勾选不同的开关行为模式，并且设置相应的参数。对于以环境参数（如房间温度）影响的模式，通过设置 u，l 和 k 三个参数生成不同的概率曲线；对于以事件驱动的模式，则设置相应的概率值 p。

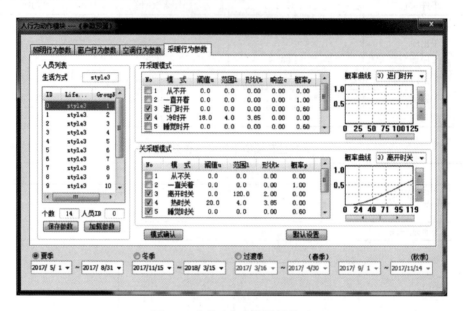

图 5-7　人员动作参数设置界面

模拟的时间范围为 12 月 1 日至次年 3 月 1 日，时间步长为 10min。设置了相应的参数以后，即可对不同行为模式下的供暖能耗进行模拟。有研究指出多人情况下个体的行为可能发生变化[322]。但是当一个房间存在多人时，目前尚未有很好的模型进行刻画[323]。本研究中将多人打开供暖设备的行为视为独立事件，在有一人存在打开供暖设备的倾向时就设置供暖为开。即假设某房间有两人，某时刻打开供暖设备的概率分别为 p_1 和 p_2，则此时开空调的概率为：

$$p = 1 - (1 - p_1)(1 - p_2) \tag{5-10}$$

在关闭供暖设备时，则采取投票的方式，当有一半或以上的人选择关闭供暖设备时，设置供暖为关。这里关于多人的模型，是对现实中人行为受他人影响的一个简化。

人行为问卷中的数据是驱动因素和这些驱动因素的强度，是偏向于定性的数据，而模型中的参数是定量的。例如在三参数威布尔模型中，采用 $p = 1 - \exp\left[-\left(\dfrac{t-u}{l}\right)^k \Delta\tau\right]$ 的形式描述开空调概率 p 随室内温度 t 的函数关系，待定参数包括 u，l，k。问卷中无法直接获得这些定量的参数，因此需提供从问卷得到的驱动因素和强度到模型参数的映射。

问卷中的驱动因素可分为事件驱动和环境驱动[85]，其中事件驱动因素采用单一的概率值进行描述，而环境驱动的因素则采用威布尔分布的形式描述。在问卷中的事件驱动因素的例子是"进客厅时"开空调或供暖，环境驱动的例子为"觉得冷时开"，前者针对每个不同的强度选择相应的概率值，后者则根据不同的强度选择相应的模型参数 u，l，k。针对供暖行为模式调研的案例，确定的问卷数据到模型参数的映射如表 5-5 和表 5-6 所示。

问卷中供暖行为模式对模型参数的映射　　　　　　　　表 5-5

模式	强度	参数及模型	模式	强度	参数及模型
从不开	（无）	$p=0$	从不关	（无）	$p=0$
一直开着	（无）	$p=1$	一直关着	（无）	$p=1$
进门时开	1	$p=0.1$	离开时关	1	$p=0.6$
	2	$p=0.3$		2	$p=0.7$
	3	$p=0.5$		3	$p=0.8$
	4	$p=0.7$		4	$p=0.9$
	5	$p=0.9$		5	$p=1.0$
觉得冷时开	1	$p=1-\exp\left[-\left(\frac{11-t}{5}\right)^{4}\Delta\tau\right]$	觉得热时关	1	$p=1-\exp\left[-\left(\frac{t-11}{5}\right)^{4}\Delta\tau\right]$
	2	$p=1-\exp\left[-\left(\frac{10-t}{5}\right)^{4}\Delta\tau\right]$		2	$p=1-\exp\left[-\left(\frac{t-12}{5}\right)^{4}\Delta\tau\right]$
	3	$p=1-\exp\left[-\left(\frac{9-t}{5}\right)^{4}\Delta\tau\right]$		3	$p=1-\exp\left[-\left(\frac{t-13}{5}\right)^{4}\Delta\tau\right]$
	4	$p=1-\exp\left[-\left(\frac{8-t}{5}\right)^{4}\Delta\tau\right]$		4	$p=1-\exp\left[-\left(\frac{t-14}{5}\right)^{4}\Delta\tau\right]$
	5	$p=1-\exp\left[-\left(\frac{7-t}{5}\right)^{4}\Delta\tau\right]$		5	$p=1-\exp\left[-\left(\frac{t-15}{5}\right)^{4}\Delta\tau\right]$
睡觉时开	1	$p=0.1$	睡觉时关	1	$p=0.6$
	2	$p=0.3$		2	$p=0.7$
	3	$p=0.5$		3	$p=0.8$
	4	$p=0.7$		4	$p=0.9$
	5	$p=0.9$		5	$p=1.0$
			起床时关	1	$p=0.6$
				2	$p=0.7$
				3	$p=0.8$
				4	$p=0.9$
				5	$p=1.0$

问卷中开关窗行为模式对模型参数的映射　　　　　　　　表 5-6

模式	强度	参数及模型	模式	强度	参数及模型
从不开	（无）	$p=0$	从不关	（无）	$p=0$
一直开着	（无）	$p=1$	一直关着	（无）	$p=1$
进门时开	1	$p=0.2$	离开时关	1	$p=0.2$
	2	$p=0.4$		2	$p=0.4$
	3	$p=0.6$		3	$p=0.6$
	4	$p=0.8$		4	$p=0.8$
	5	$p=1.0$		5	$p=1.0$

模式	强度	参数及模型	模式	强度	参数及模型
觉得热时开	1	$p=1-\exp\left[-\left(\dfrac{t-20}{8}\right)^2\Delta\tau\right]$	进门时关	1	$p=0.2$
	2	$p=1-\exp\left[-\left(\dfrac{t-22}{8}\right)^2\Delta\tau\right]$		2	$p=0.4$
	3	$p=1-\exp\left[-\left(\dfrac{t-24}{8}\right)^2\Delta\tau\right]$		3	$p=0.6$
	4	$p=1-\exp\left[-\left(\dfrac{t-26}{8}\right)^2\Delta\tau\right]$		4	$p=0.8$
	5	$p=1-\exp\left[-\left(\dfrac{t-28}{8}\right)^2\Delta\tau\right]$		5	$p=1.0$
觉得闷时开	1	$p=1-\exp\left[-\left(\dfrac{t-20}{8}\right)^2\Delta\tau\right]$	冷时关	1	$p=1-\exp\left[-\left(\dfrac{20-t}{8}\right)^2\Delta\tau\right]$
	2	$p=1-\exp\left[-\left(\dfrac{t-22}{8}\right)^2\Delta\tau\right]$		2	$p=1-\exp\left[-\left(\dfrac{16-t}{8}\right)^2\Delta\tau\right]$
	3	$p=1-\exp\left[-\left(\dfrac{t-24}{8}\right)^2\Delta\tau\right]$		3	$p=1-\exp\left[-\left(\dfrac{12-t}{8}\right)^2\Delta\tau\right]$
	4	$p=1-\exp\left[-\left(\dfrac{t-26}{8}\right)^2\Delta\tau\right]$		4	$p=1-\exp\left[-\left(\dfrac{8-t}{8}\right)^2\Delta\tau\right]$
	5	$p=1-\exp\left[-\left(\dfrac{t-28}{8}\right)^2\Delta\tau\right]$		5	$p=1-\exp\left[-\left(\dfrac{4-t}{8}\right)^2\Delta\tau\right]$
出门时开	1	$p=0.2$	睡觉时关	1	$p=0.2$
	2	$p=0.4$		2	$p=0.4$
	3	$p=0.6$		3	$p=0.6$
	4	$p=0.8$		4	$p=0.8$
	5	$p=1.0$		5	$p=1.0$
起床时开	1	$p=0.2$			
	2	$p=0.4$			
	3	$p=0.6$			
	4	$p=0.8$			
	5	$p=1.0$			

需要说明的是，在确定这些问卷强度到参数的映射时，不同的强度可认为是次序尺度的数据[324]，即可知相对的大小关系，但是并不能确定绝对量。在确定参数映射时实际上引入了绝对量，这种参数映射是否合理，将在关于典型行为模式的检验中说明。

2. 供暖典型行为模式的提取

根据以上建立的参数映射，以及建筑和人行为模型，可得到根据行为模式模拟计算的能耗分布。在8400份问卷中，1067户无供暖设备的住户也包含在样本内，而其他有供暖设备但是不可控的住户，因为末端无法自行调节，在本次分析中未包含在最后的模拟样本内，最终的模拟案例样本量为6636。图5-8所示分布对模拟案例的供暖能耗从小到大排序，其中最小的供暖能耗为0，即住户未使用供暖设备；模拟得到的最大供暖能耗为11.5kWh/m²。

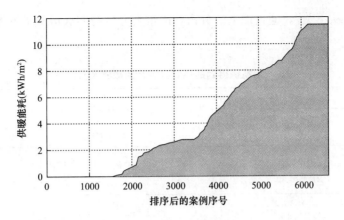

图 5-8　模拟案例供暖能耗结果

以供暖能耗作为指标，对该能耗分布进行了聚类分析，聚类分析的结果给出每种行为模式对应能耗所在的类别。图 5-9 所示为分类得到的五类能耗水平。其中聚类 1 左侧部分为供暖能耗是 0 的住户，聚类 5 的右侧是在问卷中回答一直开着的住户。聚类分析的结果给出了不同的能耗水平，在每一个能耗水平中，即可挑选出占比较大的行为模式作为典型行为模式，聚类分析结果中的样本数量即可视为行为模式对应的分布。

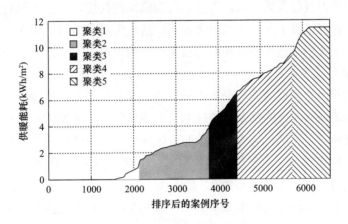

图 5-9　模拟案例供暖能耗聚类结果

在聚类 1 中一共有 2143 个样本，其中 1266 个样本的行为模式在客厅和卧室中均为"从不开，一直关闭"，占到聚类 1 中样本的 59%，因此在聚类 1 中选择的典型供暖模式为"从不开，一直关闭"，对应表 5-5 中的第一行和第二行，打开供暖设备的概率为 $p=0$，关闭供暖设备的概率为 $p=1$。在聚类 2 中一共有 1627 个样本，其中有 154 个样本的行为模式在客厅及卧室均为"觉得冷时开，睡觉时关"，并且对应的强度分别选择为 3 和 5，以此作为聚类 2 中的典型供暖模式。聚类 3 中一共有 669 个样本，其中 50 个样本的行为模式在客厅及卧室均为"觉得冷时开，觉得热时或离开时关"，其中"觉得冷时开和觉得热时关"选择的强度为 2，"离开时关"选择的强度为 5。在聚类 4 中一共有 1298 个样本，其中有 75 个样本在客厅及卧室中选择的行为模式均为"进门时开，离开时关"，对应的强度均为 5。在聚类 5 中一共有 899 个样本，其中有 202 个样本的行为模式在客厅和卧室中均为"一直开着，从不关"。通过以上的分析，由聚类分析的方法得到了五种典型行为模式，如表 5-7 所示。

模拟案例得到的供暖典型行为模式及分布 表 5-7

聚类	模式	模型	人群比例
1	从不开，一直关着	$p=0$ $p=1$	32.3%
2	觉得冷时开，睡觉时关	$p=1-\exp\left[-\left(\dfrac{9-t}{5}\right)^4\Delta\tau\right]$ $p=1.0$	24.5%
3	觉得冷时开，觉得热时或离开时关	$p=1-\exp\left[-\left(\dfrac{10-t}{5}\right)^4\Delta\tau\right]$ $p=1-\exp\left[-\left(\dfrac{t-12}{5}\right)^4\Delta\tau\right]$, $p=1.0$	10.1%
4	进门时开，离开时关	$p=0.9$ $p=1.0$	19.6%
5	一直开着，从不关	$p=1$ $p=0$	13.5%

通过问卷调研得到的模式参数，以及人行为模块的模拟，根据各种行为模式下的能耗进行聚类分析，得到了以上几类典型行为模式。这些供暖典型行为模式是对供暖行为的定量描述，可以方便地用于能耗模拟和节能技术措施的评价。

3. 供暖典型行为模式的检验

为了对本次调研和模拟的能耗分布进行检验，需要有另一个类似地区的供暖能耗调研分布，通过计算两个分布之间偏差在统计意义上的显著性，来说明调研和模拟的结果是否可认为是较为准确的。郭偲悦等人[9]对上海地区住宅的冬季供暖现状开展了实测和调研分析，调研样本量为 676，得到的排序的各住户供暖能耗及能耗的频率累积分布如图 5-10 所示。调研样本中的年供暖能耗最小为 0，最大为 38.1kWh，平均值为 3.9kWh。下文分别从中位数检验、卡方检验和两样本 Smirnov 检验的角度对形成的典型行为模式及其分布做检验。

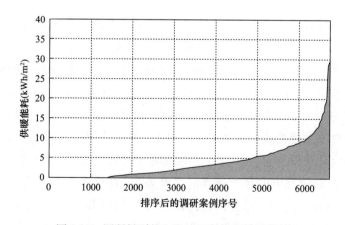

图 5-10 调研得到的上海地区各住户供暖能耗

（1）中位数检验

两组样本总的中位数为 $2.76kWh/m^2$。样本中大于和小于或等于中位数的样本数量见表 5-8。

两组样本中大于和小于或等于总中位数的样本数量　　　　　　表 5-8

类别	模拟样本	调研样本
$x \leqslant m$	3468	350
$x > m$	3168	326

计算得到中位数检验的统计量 T 为 0.04，在 χ^2 分布中相应的 p 值为 0.84。如果设定的显著性水平为 0.05，则模拟样本的中位数和调研样本的中位数之间没有显著的差别。事实上中位数检验中较大的 p 值说明两者的吻合程度较高。

（2）卡方检验

在卡方检验中，需要检验的是两组分布中各区间内数量分布的差别不显著。在形成典型行为模式的过程中，已经获得了若干不同的分类以及这些分类在能耗上的分界，采用这些分界，就可以对能耗落在各个区间的数量进行统计，说明典型行为模式在各个区间数量的准确性。划分的区间为 $[0, 1.29)$、$[1.29, 3.85)$、$[3.85, 6.60)$、$[6.60, 9.49)$ 和 $[9.49, +\infty)$。两个能耗分布落在各个区间的数量见表 5-9。

两组样本落在各个区间的样本数量　　　　　　表 5-9

类别	模拟样本	调研样本
$[0, 1.29)$	2143	249
$[1.29, 3.85)$	1627	181
$[3.85, 6.60)$	672	112
$[6.60, 9.49)$	1293	70
$[9.49, +\infty)$	901	64

得到以上各区间数量后，采用卡方检验计算得到统计量 T 为 12.84，相应的 p 值为 0.012。较小的 p 值说明了模拟得到的能耗分布和调研的能耗分布之间的差别较为显著。如果设定的显著性水平为 0.05，则应该拒绝两个能耗分布一致的假设。如果设定的显著性水平为 0.01，则可以接受两个能耗分布一致的假设。

（3）两样本 Smirnov 检验

将模拟得到的能耗分布和上述调研得到的能耗分布，做频率分布的比较，如图 5-11 所示。采用两样本 Smirnov 的检验方法，可以计算得到统计量 T 为 0.13，对应的 p 值为 6.3×10^{-10}。从图中也可以看出，两个经验分布函数之间最大距离约为 0.13。检验中的 p 值远小于 0.01，因此采用问卷加案例模拟得到的能耗分布，与调研得到的能耗分布之间是存在显著差异的。

以上检验结果表明，在调研过程中引入了诸多的假设和偏差。通过模拟结果和调研结果的对比，可以检验问卷调研加能耗模拟的手段获得的典型供暖行为模式及分布是否能够代表人群中供暖行为模式的分布。在本案例研究中，采用了不同的检验方法对得到的能耗分布进行了检验。检验结果表明，目前在模拟过程中引入了过多的简化和假设，使得模拟结果的分布偏离了实际的能耗分布。因此，在后续研究中需要从问卷设计、问卷参数映射、模拟案例的设置等方面进一步细化，并采用提出的聚类分析和检验方法，对得到的典型行为模式作检验。

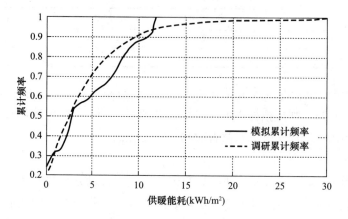

图 5-11　模拟得到的能耗分布与调研能耗分布的比较

第 6 章　建筑用能人行为模拟软件

人员在建筑中从事一系列活动，比如：人员在各个房间和室内外的移动及对建筑设备的操控等，这些活动的人行为特征主要包括：人员走动（移动）、对设备的操控（动作）、环境影响等。人员位移对建筑能耗有很大的影响，同时也是开关窗、开关空调系统等建筑设备操控行为的前提。人行为的移动及动作能够通过各种形式影响建筑能耗：

（1）某些能耗设备通过人员传感器实时控制，例如安装在房间内的灯光可根据室内是否有人确定灯光的开关状态；

（2）各人之间的人行为差异很大，不同的人在房间中对设备的调节有所差别，由此造成能耗的差别；

（3）某些系统基于需求进行调节控制，房间中的人数导致需求量的不同，例如机械通风系统需要根据室内人数调节送风量以维持室内空气品质；

（4）人员对建筑设备操控行为，是影响热负荷或冷负荷主要因素。

已有关于建筑性能模拟的研究中，房间内人数通常为数值在 ［0，1］ 的固定时序作息值，通过将几种典型作息加以组合，来描述房间内的人数变化情况。然而，研究表明，建筑中的人数具有随机性，随机作息和已有模拟中采用的固定作息具有较大差异，从而造成建筑性能模拟结果的差异。当使用固定作息模拟人行为相关的建筑能耗时，因为不考虑特殊事件的出现，例如开会导致人员的聚集，可能无法体现建筑的尖峰负荷；另一方面，各房间若采用相同的作息，则将同时达到人数最大值，由此导致模拟的尖峰负荷偏高，因为事实上各房间人数最大值很可能是交错的。因此，研究开发模拟人员位移模型，以减小因为位移的误差造成的模拟结果的误差。

建筑中设备的控制包括：开关窗、开关窗帘、开关灯、开关办公设备（如电脑）、开关空调以及调节空调的设定参数等。这些对象会影响建筑能耗，因此需要在建筑性能模拟过程中，加以刻画模拟。

控制动作具有人行为的一些基本特点，其发生时间往往是不确定的、随机的。某些动作的发生，如开灯、开空调等，还明显受环境条件影响，与环境因素密切相关。此外，不同的动作之间还可能存在一定的关联性，例如在开空调的时候会关窗，在外温适宜的条件下优先开窗户通风降温，而不是开空调等。这些都需要一个合适的定量描述方法，要能够充分且定量反映出这些基本特征，进而区分出不同的人行为。

因此，清华大学建筑节能研究中心 DeST 研究开发组，基于建筑能耗模拟分析工具 DeST 软件平台开发而完成了一套建筑用能人行为模拟软件，包括随机的人员位移模型，以及基于条件触发的随机动作模型，计算人员在各个房间之间的移动，以及其在各个房间、各个时刻控制房间内设备的概率，从而模拟出人员用能行为，以及建筑负荷和能耗。

6.1　工作原理

本软件的人行为模块主要包含人员移动、动作两个部分。

6.1.1　人员移动部分

本部分所采用的移动模型主要参考文献［24］。该模型是一种基于马尔可夫链（以下简称马氏链）的模型。

马氏链是一类得到广泛使用的离散随机过程模型。以人员所在房间位置为随机变量，以建筑内所有房间及外界为状态空间（即人员移动范围），人员移动过程就能用马氏链形式进行刻画与模拟，并最终生成室内人员作息。需要指出，此处包含以下几条基本假设：

（1）人员位置移动具有马氏性；

（2）任何位置移动都能在一个时间步长内结束；

（3）不同人员的移动过程是相互独立的。

其基本思路是：

（1）以人员所在房间位置为随机变量，以建筑内所有房间及外界为状态空间（即人员移动范围），采用马氏链对人员移动这一随机过程进行模拟；

（2）用事件来表示在特定时段上发生的人员位置变化（状态转移），各个事件通过修改转移矩阵来影响人员移动过程；

（3）根据生成的人员位置状态，统计各房间人员状况，生成室内人员作息，作为能耗模拟工具的输入参数。

采用马氏链和事件方式的人员移动过程模拟方法，其主要特点是：

（1）既能描述人员移动过程的随机性，又能描述其规律性；

（2）模型中的所有参数都是固定的（时不变），转移概率矩阵只随事件而发生改变；

（3）提炼出一套完整的特征参数和转移矩阵的设置方法，既具有明显的物理含义，又大大减少了输入参数个数；

（4）每个人和每个功能房间的参数可单独定义，因此适用于任意人数任意房间数的复杂情形。

该模型包含两层结构，即移动过程和事件层（图6-1）。

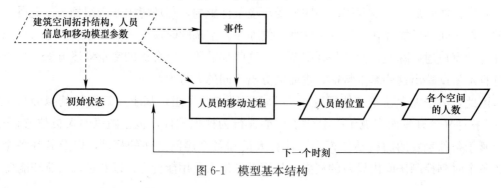

图6-1　模型基本结构

　　该模型的核心概念是马氏链，这是一种以概率形式表达的矩阵，其基本假设是该时刻的状态仅和前一时刻的状态有关（图6-2）。其中行序号表示前一时刻所处的状态，列序号表示这一时刻所处的状态，矩阵中的元素表示从前一时刻状态转移到这一时刻状态的概率。应用到人员位移的模型中，状态实际上就是人员所处的房间（包括室外），通过产生随机数模拟人员在各房间之间的移动。这些矩阵通过获得人员上下班以及在各房间的某些参数，由一个最优化算法给出。

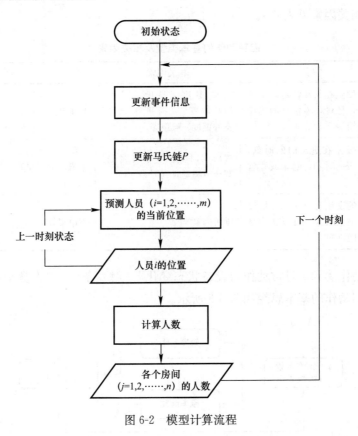

图6-2　模型计算流程

6.1.2　人员动作部分

　　本节所采用的人员动作模型主要参考了清华大学建筑节能研究中心王闯的博士论文《有关建筑用能的人行为模拟研究》。该模型是一套条件触发的控制动作随机模型，其主要特点是：

　　（1）以时间和环境等纯物理因素为自变量，通过概率函数描述动作发生与这些变量之间的相关关系，依照概率决定动作是否发生；

　　（2）将日常生活中触发动作的情形转化为计算若干条件概率，使得"条件触发"的概念不仅具有直观含义，而且具有完备的数学形式基础；

　　（3）针对不同的触发条件构建了相应的概率计算公式，其形式符合基本的经验事实，且待定系数具有清晰的物理意义；

（4）对不同动作的描述具有很好的适应性和可扩充性。

根据这个模型，可以通过一套统一的方法对人的一系列控制动作进行定量描述、定义和区分。

在建筑模拟领域，主要关心的是时间和环境等物理因素对人的控制动作的影响，因此在控制动作模型中，只需考察动作发生与时间或环境等因素的关联性。根据日常生活经验和实际观测，人的控制动作的发生情况往往表现出三种基本类型，即：时间、环境和随机性，其对应的相关因素见表 6-1。

控制动作的基本类型及相关因素

表 6-1

类型	特点	相关因素	例子
环境相关	动作发生在某些特定环境条件下，是对环境信号的响应和反馈	室内温度、湿度、照度、CO_2 浓度、太阳直射强度、室外温度、噪声等	暗了开灯、热了开空调等
时间相关	动作发生在进出门的时刻，上下班的时刻，起床或睡觉时等	进出门时刻、上下班时刻、起床或睡觉时刻等	下班时关灯和关空调等
随机相关	动作的发生与时间和环境没有明显的关系，可以认为是完全随机的	随机因素	看电视等

人员控制动作受到"日常动作与设备状态变化""触发条件""人员动作与对象状态"的影响，其控制动作的基本思想如图 6-3 所示。

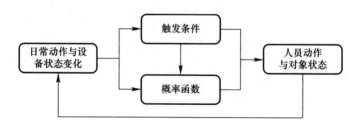

图 6-3 人员控制动作基本思想

其控制动作的发生是采用一个概率函数 F 形式表示，其主要形式为具有单调性的"三参数模型"：

（1）F 单增形式

$$P = \begin{cases} 1 - e^{-\left(\frac{x-u}{l}\right)^k \Delta \tau} & \text{当 } x > u \text{ 时} \\ 0 & \text{当 } x \leqslant u \text{ 时} \end{cases} \tag{6-1}$$

（2）F 单降形式

$$P = \begin{cases} 1 - e^{-\left(\frac{u-x}{l}\right)^k \Delta \tau} & \text{当 } x < u \text{ 时} \\ 0 & \text{当 } x \geqslant u \text{ 时} \end{cases} \tag{6-2}$$

其函数曲线形式如图 6-4 所示。

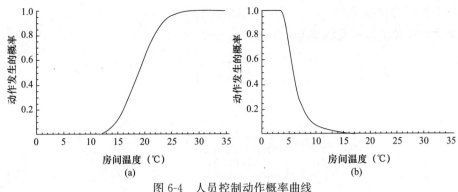

图 6-4 人员控制动作概率曲线

（a）单调增形式；（b）单调减形式

本软件基于上述动作模型，以及相应的标准统一的人员动作数值模拟方法，完成室内各类设备对象（包括照明、空调、供暖、窗户、窗帘、电器设备等）状态的模拟预测。总的来说，人员动作模拟所需的输入参数包括：

（1）建筑模型：这个与常规建筑能耗模拟的步骤与要求相同。

（2）人员行为模式：根据模拟需要设定各个房间各个人员的行为模式，包括照明行为模式、空调供暖行为模式、开窗行为模式等。

（3）人员移动模拟结果：人员动作模拟依赖于室内人员状况，必须在人员移动模拟结果的基础上进行。

（4）模拟时间步长：为了保证模拟结果的精确性，人员动作模型同样应该采用小时间步长（＜1h）进行；由于依赖人员移动模拟结果，需采用与人员移动模拟相同的时间步长。

输出结果则包括：各个人员所发生的动作、各个房间的设备运行状态、室内环境状态等逐时信息。

人员动作模型的基本模块结构可以统一用图 6-5 表示。它适用于以上提到的各类动作，

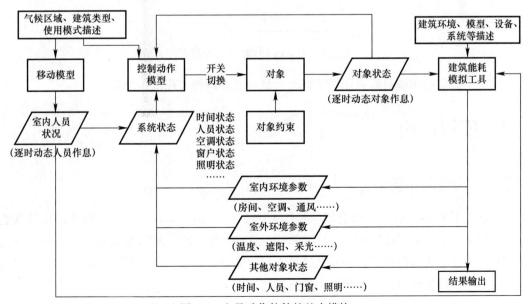

图 6-5 人员动作软件的基本模块

以及各种不同的动作模式。

人员动作模拟的基本流程如图 6-6 表示。

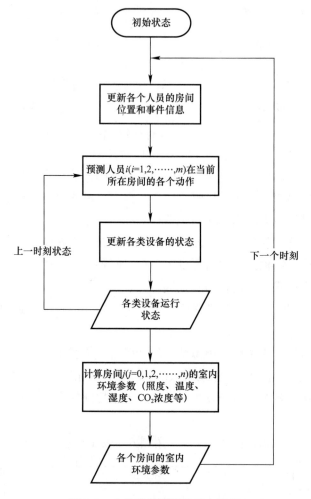

图 6-6　人员动作模拟的基本流程

以上是人员动作模拟的通用算法框架，是对所有动作实现统一处理。

6.2　使用说明

6.2.1　运行环境

本软件需要 Windows 7 以上版本操作系统平台，AutoCad 2007 以上版本，建筑性能模拟软件 DeST 以及"建筑人员位移计算模块"。利用本软件模拟人员用能行为时，首先需要利用"建筑人员位移计算模块"计算人员移动位置，主要通过设定"房间设定"、"人员设定"和"计算设定"三个版面来给出房间、人员、事件和计算参数，这些参数主要用于生成马氏链，进而计算出人员逐时刻的房间位置，独立的建筑人员位移计算软件，其详细使用方法见"建筑人员位移计算软件使用说明书"。

建筑用能人行为模拟计算模块界面如图 6-7 所示。

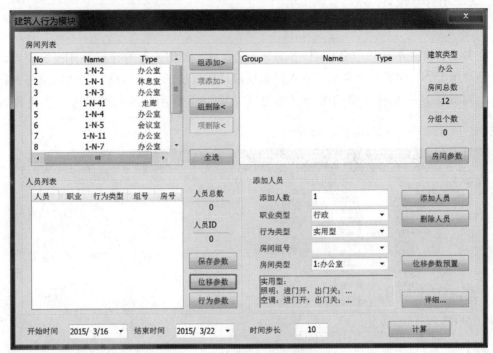

图 6-7　人行为模拟计算模块界面

6.2.2　模块运行命令

（1）运行 DeST 软件，创建 \ 打开 DeST 建筑模型；

（2）键入命令"Behavior"，弹出人行为模拟计算模块窗口，如图 6-8 所示。

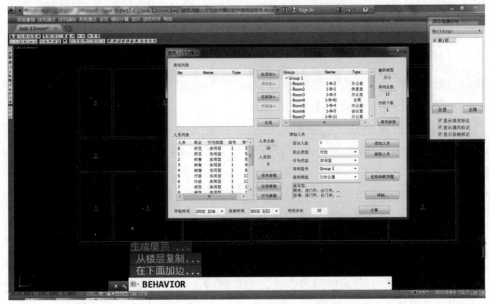

图 6-8　DeST 人行为模拟计算模块界面

这里，模块窗口包括房间信息以及人员信息。

6.2.3　房间设定

1. 房间导入

在 DeST 软件界面中，键入"Behavior"命令后，弹出人行为模拟计算模块窗口。这时，系统由 DeST 建筑模型自动产生人行为模拟计算模块的房间信息，房间信息包含：序号、房间 ID、房间名称、房间类型（功能），如图 6-9 所示。由此可以进一步设置人员信息。

图 6-9　建筑房间设定

房间（照明）参数：房间参数用于设置每个房间的照明参数、窗户和空调的开关模式、会议参数。参数设置界面如图 6-10 所示。

（1）照明参数：照明分区、照明功率密度（W/m²）、光效（lm/W）、光衰减系数，其中照明分区是横向、纵向等分的，用于设置每个房间的照明最大、最小功率，照明光效等。

（2）会议参数：设置会议室容纳的最小人数、最大人数，会议时间比例，会议平均时长。当用户点击"房间列表"中的会议室时，即可设置会议参数。

2. 房间 ID

房间信息中包含房间 ID，其指示在模型中房间的唯一编号，每个房间拥有自己的编号。当从 DeST 数据库中导入房间数据时，相应地导入对应的房间 ID。房间 ID 不一定从 1 开始。当用户自己输入各房间信息时，自动生成房间 ID，无需且无法自行修改各房间 ID。

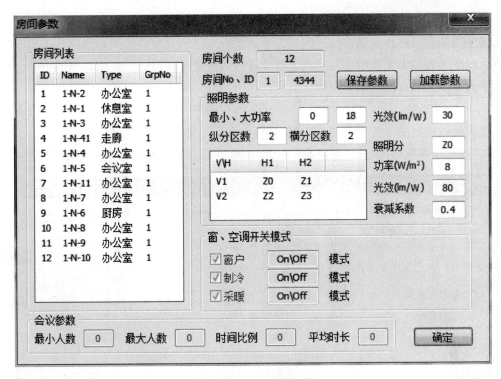

图 6-10　房间参数设定

3. 房间功能

实际建筑中拥有多种功能类型的房间，不同功能的房间需要的参数数量和类型也不尽相同。目前软件模块中的房间类型分为四类：

（1）办公室

办公室作为一般的办公场所，在工作时间一般有人，是人员活动的主要场所。并且存在人员所属房间的概念。具体说来，办公建筑内某个人员具有特定的工作场所，这些工作场所一般为办公室。

（2）会议室

会议室不存在常驻人员，一般而言只有在开会时才有人在会议室中。会议室的参数设置比其他类型房间略微复杂，并且在开会时很容易出现人员聚集的情况。当选择会议室时，需要设定以下参数：

1）最小参会人数；

2）最大参会人数；

3）会议时间比例；

4）会议平均时长。

各参数的具体意义见"事件设定"一节。

（3）走廊

人员在走廊中停留的时间较短，往往作为在不同房间之间移动的过渡。同样，在走廊中不存在常驻人员，即人员所属房间不为走廊。

（4）其他

其他房间包括一些附属房间，例如卫生间、开水间等。这些房间共同的特点是人员只是偶尔出于某种需要在其中停留片刻，持续时间短，随机性很强。在位移模型中，由于需要的参数不涉及具体的房间类型，所以对这些房间的具体类型不加区分。

4．房间分组

在人员设定之前，首先需要创建房间组，在"房间列表"中选择所有房间，点击"组添加"，产生房间组 Group1，将所有房间添加到 Group1 中，如图 6-11 所示。

图 6-11　房间组添加

办公建筑中有不同的企业，住宅建筑中有不同的住户，企业（住户）中的人员只能在本企业（住户）中移动及对建筑设备控制。房间分组功能主要用于划分各房间的所属分划，区分每个企业（用户）所具有的房间。

组添加：选择多个房间，使其成为一组，列于"Group"表中；

组删除：选择"Group"表中的房间组名，按此钮后去除该房间组；

全选：选取"人员列表"中的所有房间。

图 6-11 是将所有房间选为一组 Group1，包含 8 个房间。

6.2.4　人员设定

人员设定面板（图 6-12）中列表 A 为人员、生活类型、职业类型及其所属房间的列表；列表 B 修改人员属性，包括绑定到该人员上的事件及事件的参数；C 部分实现添加删除人员的功能。

1. 人员 ID

人员 ID 从 0 开始，指示某个特定人员。所属房间和事件属性相同的人员也会拥有不同的人员 ID，人员 ID 自动生成且不可修改。

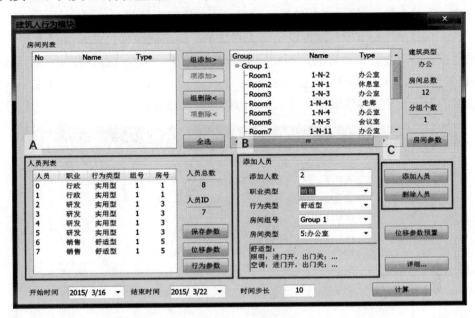

图 6-12　人员设定

2. 职业（Job）与行为（Life）类型

人员职业类型设置分为办公建筑与住宅建筑两种，办公建筑的人员职业类型包括研发型、销售型、行政型、经理及其他，住宅建筑包括上班族、退休族、保姆族及其他；人员的位移计算参数只能对同种职业类型人员设置或编辑，即同类型人员具有相同的位移计算参数。

人员行为（生活）类型包括节约型、经济型、舒适型、实用型、奢侈型及其他；人员的用能行为计算参数只能对同种行为类型人员设置或编辑，即同类型人员具有相同的用能行为计算参数。

3. 所属房间（类型）

办公（住宅）建筑中每个人员具有所属房间的概念，即工作（睡觉）场所，该所属房间在类型上应该为办公室（卧室），因为会议室（起居室）、走廊和其他房间不存在常驻人员的概念。一般地，人员在其所属房间停留的时间较长。所属房间在"添加人员"中的"房间类型"下拉对话框中设置或修改。

4. 人员个数

和"房间设定"面板中类似，设置需要同时添加的人数，这些人数在之后的"属性预置"中设置相同的事件属性。当多个人员具有相同的所属房间和事件属性时，可通过设置人员个数一次性添加多人，一定程度上简化了输入。

5. 房间组号与房间类型

设置添加人员所属的房间组号和房间类型，通过下拉列表先选择房间组号，再选择人员所在的房间。房间 ID 的列表由前一面板（房间设定）中设定的房间确定。室外和除办公室（卧室）的房间不作为人员所属房间；不同的房间组含有各自的房间个数、ID 及类型。

6. 位移参数预置

点击"位移参数预置"，弹出图 6-13 窗口，用于设定人员移动所需的事件及房间停留属性。这一功能同样是出于一次性设定多人考虑的，弹出的窗口包含人员职业类型选择，其参数是按人员职业类型设置的；即相同类型人员具有一样的位移参数属性。点击"确定"，设置要添加人员的属性。

参数的设置及相关参数的定义见 6.2.5 节中位移参数设定。

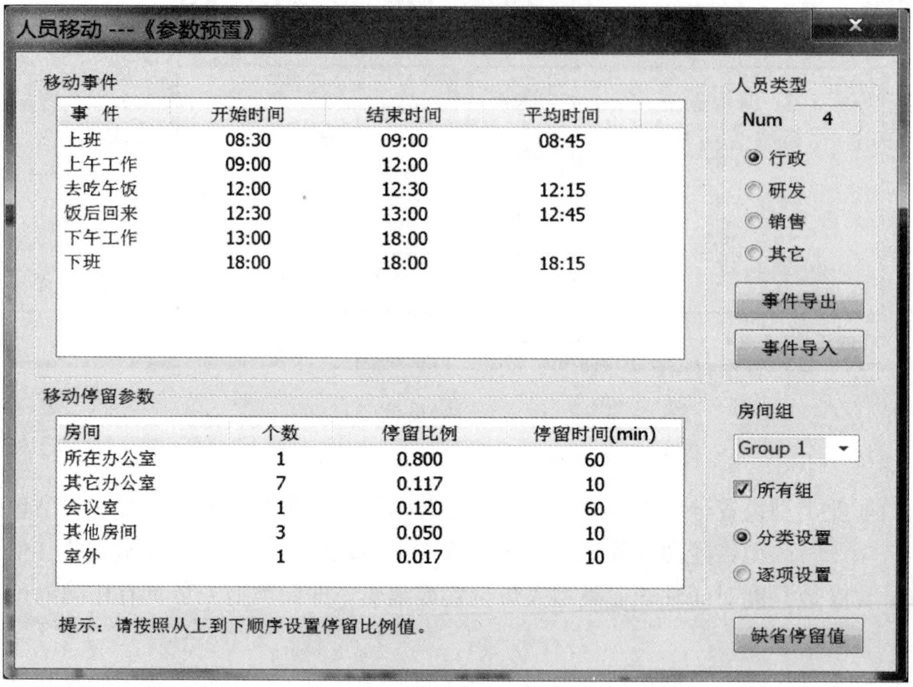

图 6-13　人员位移参数预设定

7. 添加人员

点击"添加人员"，将向建筑中增加人员，在生成人员 ID 的同时，需要设定该人员所属的房间等信息。如添加：人数 2、行政、实用型、组 1、办公室 7，点击"添加人员"后，新添加人员 14、15 显示在"人员列表"中（图 6-14）。

8. 删除人员

选中某个人员 ID，点击"删除人员"，将从建筑模型中删去该人员和相关信息。如图 6-15 先选中 ID 为 10 的人员；点击"删除人员"，将从人员列表中删去该人员及相关信息（图 6-16）。同样，排在被删除人员之后的人员 ID 前移。

注意：在添加、删除或编辑"位移参数""行为参数"之后，一定要点击"保存参数"，将参数保存到数据库中。

9. 详细

该按钮弹出窗口（图 6-17），显示当前所选人员行为类型所包含的动作模式，包含开关灯、窗、空调、供暖的多种动作模式。

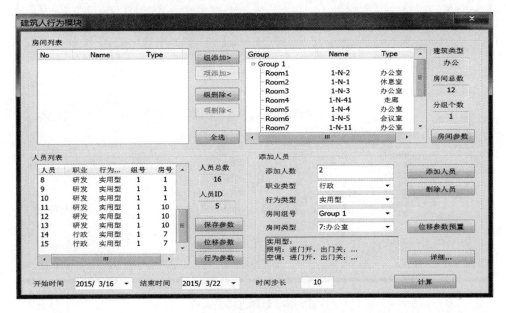

图 6-14　添加人员

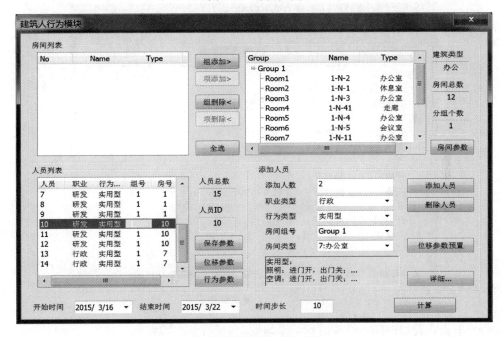

图 6-15　选择将要删除的人员

6.2.5　位移参数设定

1. 事件类型

和房间类型类似，描述不同事件的参数也有所区别。目前预定义的事件和相应的参数如下：

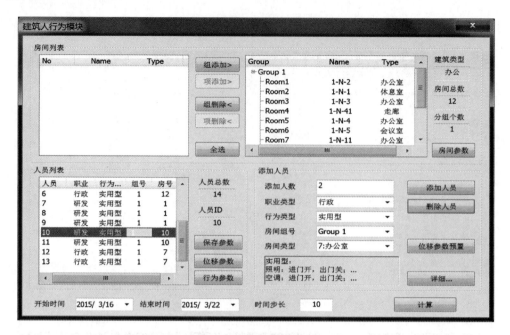

图 6-16　删除选择的人员

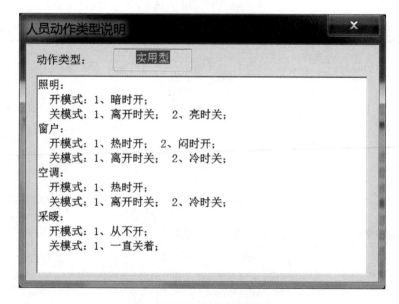

图 6-17　行为模式详细说明

（1）上班：起始时间，结束时间，平均发生时间；

（2）工作：起始时间，结束时间，在各房间停留次数，在各房间时间比例；

（3）下班：起始时间，结束时间，平均发生时间；

（4）去吃午饭：起始时间，结束时间，平均发生时间；

（5）饭后回来：起始时间，结束时间，平均发生时间。

这些参数用于生成马氏链，进而模拟人员移动。添加了这些参数的办公建筑"人员位移参数"面板如图 6-18 所示。

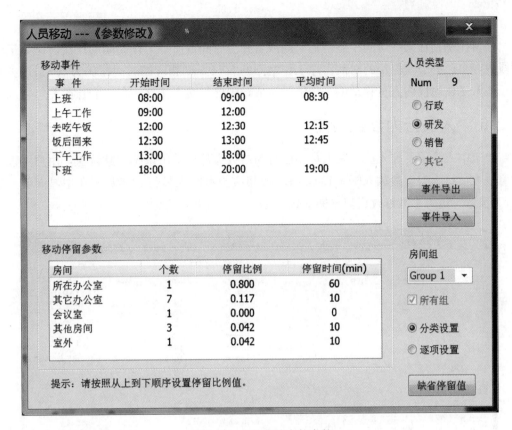

图 6-18　人员位移事件参数

人员位移事件参数按照人员职业类型（行政、研发、销售）整批修改，事件参数可以导入＼导出。

2. 起始时间

起始时间指统计意义上某一事件发生的时间范围的起始。例如某人一般在 8：00～9：00 这一时间段内到达办公室上班，那么可认为上班这一事件的起始时间为 8：00。

3. 结束时间

结束时间指统计意义上某一事件发生的时间范围的结束。例如某人一般在 8：00～9：00 这一时间段内到达办公室上班，那么可认为上班这一事件的结束时间为 9：00。

4. 平均发生时间

平均发生时间指统计意义上某一事件平均发生的时间点。例如某人一般在 8：00～9：00 这一时间段内到达办公室上班，通常在 8：30 到达办公室，那么可认为上班这一事件的平均发生时间为 8：30。上下班等瞬时的事件具有该参数，而正常工作由于是一个连续过程，不存在平均发生时间的概念，所以不存在该参数。

5. 停留时间

停留时间指在某一房间停留一次或者开会平均持续的时间。例如对于正常工作时段，若在自己办公室停留一次的时间大约为 1h，则平均时长为 1h。该参数用于正常工作时段内人员移动的马氏链的生成，因此只在工作这一事件下有意义。

6. 停留比例

停留比例指在某一房间中停留的时间或者开会时间占所有工作时间的比例。例如工作时段内在自己办公室停留的时间占总工作时间的80%，则相应的时间比例为0.8。该参数用于正常工作时段内人员移动的马氏链的生成，因此只在工作这一事件下有意义。

6.2.6　人员行为参数设定

建筑中人员信息加入后，其人员用能行为参数通常是采用系统的默认值，用户可以通过修改人员行为类型参数（图6-19），来修改相应类型的人员行为参数。在主界面上点击"行为参数"进入参数修改窗口（图6-20）。

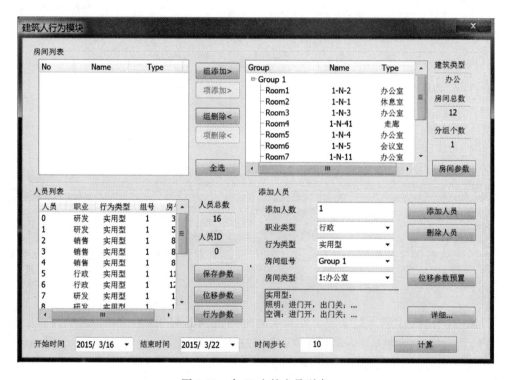

图6-19　含16人的人员列表

1. 人员动作（生活）设置

人员动作参数窗口包含：照明行为参数、窗户行为参数、空调行为参数、供暖行为参数4个页面，每个页面包含设备开关模式列表、开关概率曲线、参数保存与加载。

其中，每个页面都有设备开关模型的概率曲线显示示意图，示意图右侧按钮用于改变x轴范围的显示比例，示意图下侧按钮用于改变x轴范围的显示起始坐标。右侧和下侧按钮用于方便用户查看设备开关模型的概率曲线特性。

2. 季节

对于每项人员动作参数，都分为夏季、冬季和过渡季3个季节，用户可以修改每个季节的起始和结束日期；不同的季节人员会有不同的建筑用能行为。在选择人员动作类型（节俭型、实用型……）后，在选择季节项，进而设定该季节下的人员用能行为模式及参数。

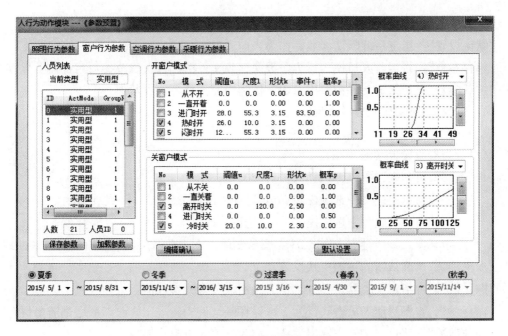

图 6-20　人员动作参数设定窗口

3. 照明行为参数

照明行为参数设置（图 6-21）：

图 6-21　人员照明动作参数窗口

（1）在"人员列表"中点击选择人员行为类型；

（2）在"开灯模式"中选定模式 No，进而修改其 u、l、k、c 或 p 数值；

（3）在"关灯模式"中选定模式 No，进而修改其 u、l、k、c 或 p 数值；

（4）点中某模式，通过点击图 6-21 右图右侧的上下滚动箭头，观察恰当的概率曲线。

"编辑确认"：确认新的行为模式设置。

"默认设置"：指定系统默认参数，作为当前人员模式参数值。

"保存参数"：将当前人员模式行为参数保存到文件中。每次修改参数后都需要保存。

"加载参数"：从指定文件中取出参数，作为当前人员模式参数值。

注：三个季节的照明行为参数是相同的。

4. 窗户行为参数

窗户行为参数设置（图 6-22）：

（1）在"人员列表"中点击选择人员行为类型；

（2）在"开窗户模式"中选定模式 No，进而修改其 u、l、k、c 或 p 数值；

（3）在"关窗户模式"中选定模式 No，进而修改其 u、l、k、c 或 p 数值；

（4）点中某模式，通过点击图 6-22 右图右侧的上下滚动箭头，观察恰当的概率曲线。

"编辑确认"：确认新的行为模式设置。

"默认设置"：指定系统默认参数，作为当前人员模式参数值。

"保存参数"：将当前人员模式行为参数保存到文件中。每次修改参数后都需要保存。

"加载参数"：从指定文件中取出参数，作为当前人员模式参数值。

注：每类人员的每个季节，对应一套不同的窗户行为参数。

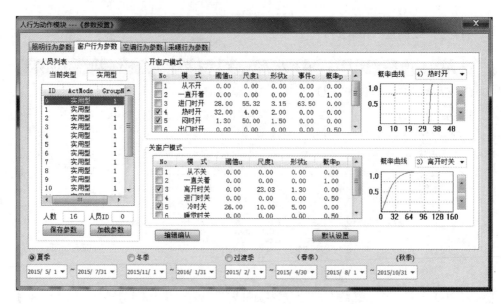

图 6-22　人员窗户动作参数窗口

5. 空调行为参数

空调行为参数设置（图 6-23）：

（1）在"人员列表"中点击选择人员行为类型；

（2）在"开空调模式"中选定模式 No，进而修改其 u、l、k、c 或 p 数值；

（3）在"关空调模式"中选定模式 No，进而修改其 u、l、k、c 或 p 数值；

（4）点中某模式，通过点击图 6-23 右图右侧的上下滚动箭头，观察恰当的概率曲线。

"编辑确认"：确认新的行为模式设置。

"默认设置"：指定系统默认参数，作为当前人员模式参数值。

"保存参数"：将当前人员模式行为参数保存到文件中。每次修改参数后都需要保存。

"加载参数"：从指定文件中取出参数，作为当前人员模式参数值。

注：每类人员的每个季节，对应一套不同的空调行为参数。

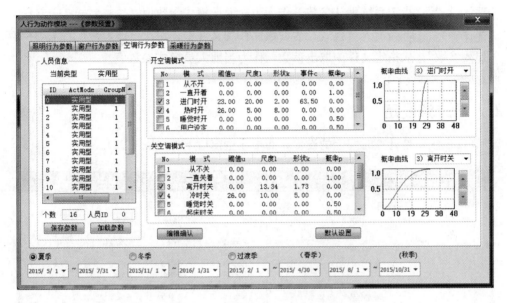

图 6-23　人员空调动作参数窗口

6. 供暖行为参数

供暖行为参数设置（图 6-24）：

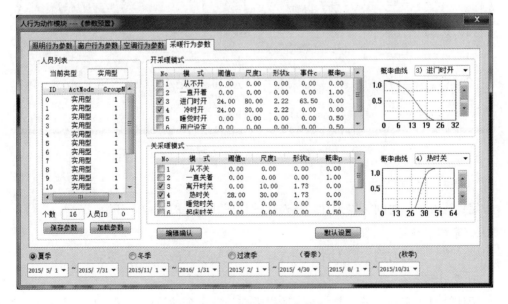

图 6-24　人员供暖动作参数窗口

（1）在"人员列表"中点击选择人员行为类型；

（2）在"开供暖模式"中选定模式 No，进而修改其 u、l、k、c 或 p 数值；

（3）在"关供暖模式"中选定模式 No，进而修改其 u、l、k、c 或 p 数值；

（4）点中某模式，通过点击图 6-24 右图右侧的上下滚动箭头，观察恰当的概率曲线。

"编辑确认"：确认新的行为模式设置。

"默认设置"：指定系统默认参数，作为当前人员模式参数值。

"保存参数"：将当前人员模式行为参数保存到文件中。每次修改参数后都需要保存。

"加载参数"：从指定文件中取出参数，作为当前人员模式参数值。

注：每类人员的每个季节，对应一套不同的供暖行为参数。

6.2.7　计算设定

计算设定主要是计算时间上的设置，面板在主窗口下部（图 6-25）。

图 6-25　计算设定窗口

1. 计算开始时间

设定计算开始的时间。以天计，从选择的计算开始天的 0∶00 开始。

2. 计算结束时间

设定计算结束的时间。以天计，到选择的计算结束天的 24∶00 结束。

3. 计算时间步长

由于计算过程实际上是离散化的，所以需要设定一个计算的时间步长，表示下一个计算值相对于上一个计算值中间相隔的时间，以分钟为单位。计算时间步长不宜太短，否则可能导致状态的频繁变化；也不宜太长，否则难以体现人员移动的规律。

4. 开始计算

设定完房间（组）、人员、位移、行为参数及计算时间后，点击“计算”，执行计算过程。

5. 导出结果

（1）人员移动计算结果

计算结果自动保存为 csv 格式文档，在该文件基础上可进一步分析和模拟。

该 csv 文件的结构：

列 1：计算的天数；

列 2：计算的时刻，以 HH：MM 计。

剩下的列为各人员逐时的移动情况、各房间逐时的人数和建筑内逐时的人数。每一行代表这一时刻人员的移动情况。其中位于人员列中的数字表示人员在此时刻所处房间的 ID，位于房间和建筑列中的数字表示在此时刻房间或建筑内的人数（图 6-26）。

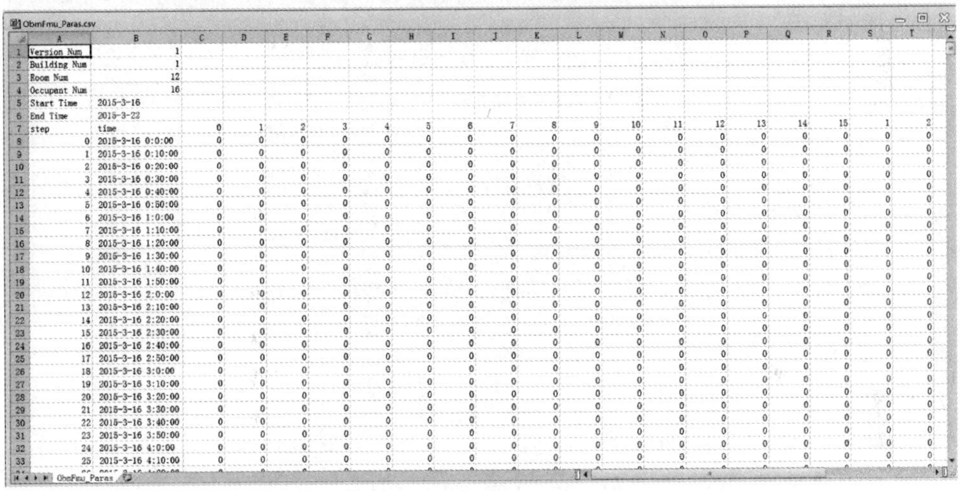

	A	B	C	D	E	F	G	H	I	J	K	L	M	N	O	P	Q	R	S	T
1	Version Num	1																		
2	Building Num	1																		
3	Room Num	12																		
4	Occupant Num	16																		
5	Start Time	2015-3-16																		
6	End Time	2015-3-22																		
7	step	time	0	1	2	3	4	5	6	7	8	9	10	11	12	13	14	15	1	2
8	0	2015-3-16 0:0:00	0	0	0	0	0	0	0	0	0	0	0	0	0	0	0	0	0	0
9	1	2015-3-16 0:10:00	0	0	0	0	0	0	0	0	0	0	0	0	0	0	0	0	0	0
10	2	2015-3-16 0:20:00	0	0	0	0	0	0	0	0	0	0	0	0	0	0	0	0	0	0
11	3	2015-3-16 0:30:00	0	0	0	0	0	0	0	0	0	0	0	0	0	0	0	0	0	0
12	4	2015-3-16 0:40:00	0	0	0	0	0	0	0	0	0	0	0	0	0	0	0	0	0	0
13	5	2015-3-16 0:50:00	0	0	0	0	0	0	0	0	0	0	0	0	0	0	0	0	0	0
14	6	2015-3-16 1:0:00	0	0	0	0	0	0	0	0	0	0	0	0	0	0	0	0	0	0
15	7	2015-3-16 1:10:00	0	0	0	0	0	0	0	0	0	0	0	0	0	0	0	0	0	0
16	8	2015-3-16 1:20:00	0	0	0	0	0	0	0	0	0	0	0	0	0	0	0	0	0	0
17	9	2015-3-16 1:30:00	0	0	0	0	0	0	0	0	0	0	0	0	0	0	0	0	0	0
18	10	2015-3-16 1:40:00	0	0	0	0	0	0	0	0	0	0	0	0	0	0	0	0	0	0
19	11	2015-3-16 1:50:00	0	0	0	0	0	0	0	0	0	0	0	0	0	0	0	0	0	0
20	12	2015-3-16 2:0:00	0	0	0	0	0	0	0	0	0	0	0	0	0	0	0	0	0	0
21	13	2015-3-16 2:10:00	0	0	0	0	0	0	0	0	0	0	0	0	0	0	0	0	0	0
22	14	2015-3-16 2:20:00	0	0	0	0	0	0	0	0	0	0	0	0	0	0	0	0	0	0
23	15	2015-3-16 2:30:00	0	0	0	0	0	0	0	0	0	0	0	0	0	0	0	0	0	0
24	16	2015-3-16 2:40:00	0	0	0	0	0	0	0	0	0	0	0	0	0	0	0	0	0	0
25	17	2015-3-16 2:50:00	0	0	0	0	0	0	0	0	0	0	0	0	0	0	0	0	0	0
26	18	2015-3-16 3:0:00	0	0	0	0	0	0	0	0	0	0	0	0	0	0	0	0	0	0
27	19	2015-3-16 3:10:00	0	0	0	0	0	0	0	0	0	0	0	0	0	0	0	0	0	0
28	20	2015-3-16 3:20:00	0	0	0	0	0	0	0	0	0	0	0	0	0	0	0	0	0	0
29	21	2015-3-16 3:30:00	0	0	0	0	0	0	0	0	0	0	0	0	0	0	0	0	0	0
30	22	2015-3-16 3:40:00	0	0	0	0	0	0	0	0	0	0	0	0	0	0	0	0	0	0
31	23	2015-3-16 3:50:00	0	0	0	0	0	0	0	0	0	0	0	0	0	0	0	0	0	0
32	24	2015-3-16 4:0:00	0	0	0	0	0	0	0	0	0	0	0	0	0	0	0	0	0	0
33	25	2015-3-16 4:10:00	0	0	0	0	0	0	0	0	0	0	0	0	0	0	0	0	0	0

图 6-26　人员位移计算结果

（2）人员动作计算结果

计算结果自动保存为 csv 格式文档，每个房间有一个独立的结果文件，命名原则是：模型名 _ result _ 房间 ID. csv，如：Office1 _ result _ 199. csv；在该文件基础上可进一步分析和模拟。

该 csv 文件的结构：

room _ id：房间 ID；

time：计算的时间，以 HH：MM 计；

occupant _ number：人员个数；

lighting _ on _ off：照明作息；

illuminance（lx）：室内自然照度；

illInLit（lx）：室内照度（含人工照明）；

window _ on _ off：窗户作息；

co2（ppm）：室内 CO_2 浓度；

cooling _ on _ off：空调作息；

heating _ on _ off：供暖作息；

ac _ t（℃）：室内温度；

out _ t（℃）：室外温度；

load _ s（kW）：室内显热负荷；

load _ fresh _ air _ s（kW）：新风显热负荷；

load _ dehumi（kW）：室内除湿负荷；

load _ fresh _ air _ dehumi（kW）：新风除湿负荷。

人行为计算结果文件如图 6-27 所示。

bob-12room_result_4378.csv

	A	B	C	D	E	F	G	H	I	J	K
1	room_group_id	time	occupant_number	lighting_on_off	illuminance(lx)	window_on_off	co2(ppm)	cooling_on_off	heating_on_off	ac_t(deg. C)	load_s(kW)
2	4378	0:00	0	0	0	0	400	0	0	2.93102	0
3	4378	0:10	0	0	0	0	400	0	0	2.94725	0
4	4378	0:20	0	0	0	0	400	0	0	2.95542	0
5	4378	0:30	0	0	0	0	400	0	0	2.9611	0
6	4378	0:40	0	0	0	0	400	0	0	2.96589	0
7	4378	0:50	0	0	0	0	400	0	0	2.97029	0
8	4378	1:00	0	0	0	0	400	0	0	2.94306	0
9	4378	1:10	0	0	0	0	400	0	0	2.94111	0
10	4378	1:20	0	0	0	0	400	0	0	2.94166	0
11	4378	1:30	0	0	0	0	400	0	0	2.94298	0
12	4378	1:40	0	0	0	0	400	0	0	2.94471	0
13	4378	1:50	0	0	0	0	400	0	0	2.94676	0
14	4378	2:00	0	0	0	0	400	0	0	2.93539	0
15	4378	2:10	0	0	0	0	400	0	0	2.93531	0
16	4378	2:20	0	0	0	0	400	0	0	2.93653	0
17	4378	2:30	0	0	0	0	400	0	0	2.93827	0
18	4378	2:40	0	0	0	0	400	0	0	2.94035	0
19	4378	2:50	0	0	0	0	400	0	0	2.94269	0
20	4378	3:00	0	0	0	0	400	0	0	2.93639	0
21	4378	3:10	0	0	0	0	400	0	0	2.93744	0
22	4378	3:20	0	0	0	0	400	0	0	2.93937	0
23	4378	3:30	0	0	0	0	400	0	0	2.94167	0
24	4378	3:40	0	0	0	0	400	0	0	2.94421	0
25	4378	3:50	0	0	0	0	400	0	0	2.94695	0
26	4378	4:00	0	0	0	0	400	0	0	2.92809	0
27	4378	4:10	0	0	0	0	400	0	0	2.92691	0

bob-12room_result_4378

图 6-27 人员动作计算结果

第 7 章　总结与展望

我国建筑运行能耗已达到 10 亿 tce，碳排放约 22 亿 t，约占全社会总碳排放的 20%，因而建筑节能与降低碳排放已成为我国节能减排领域的重要任务之一。由于建筑能耗受到多方面因素如建筑、气象、人员用能行为等的共同作用，建筑能耗模拟技术可以反映出在不同影响因素共同作用下建筑室内环境与能耗水平，因此目前已成为建筑领域节能减排的重要技术基础。同时在我国"双碳"目标的指引下，建筑能耗模拟技术也迎来了新的机遇与挑战。

近年来，越来越多的学者发现，人员用能行为对建筑能耗具有重要影响。建筑中的人员用能行为愈发引起建筑模拟行业的关注，国内外诸多学者对此开展了深入而广泛的研究工作，成为建筑能耗模拟与建筑智能运维管理领域的研究热点。中国工程院《全球工程焦点 2017》中指出，"建筑环境与人行为"是土木、水利与建筑工程领域排名前十的工程研究热点。建筑中人员用能行为的随机性、复杂性和多样性，是造成建筑能耗模拟与实际运行存在较大偏差的最主要原因之一。同时，人员用能行为会影响建筑用能在时间与空间的差异和波动，因此需要深入探索人员用能行为对节能减排工作的作用机理和应用方式。

为了科学地刻画建筑中的人员用能行为，并将其定量地应用于建筑模拟技术之中，笔者团队自 2008 年始，开展了十余年的大量实测数据采集、问卷调研和理论建模分析工作，不断深入探索建筑中人员用能行为特征和模拟分析方法，提出了包括数据采集和预处理的规范方法、模型构建和检验的研究方法，以及人员用能行为模拟研究的应用方法等。本书将这些研究成果进行了系统的梳理，希望能够为未来相关科学研究工作的开展提供参考。

同时，在不断探索与研究的过程中，我们也发现人员用能行为这一领域还有很多尚待进一步探索的方向。首先，在大数据时代，需要利用海量数据和机器学习来探索人员用能行为的统计规律和典型特征；其次，在设计与运维管理方面，可以通过加强人员用能行为的认识来实现工程应用中的节能减排；同时在国家宏观政策的制定中，也需要进一步研究人员用能行为对建筑能耗和排放的定量影响，从而更为科学地支撑节能减排政策的制订。

综上所述，建筑中人员用能行为的研究尚处于发轫时期，也是国内外研究热点之一，本书通过对这些初步研究成果进行梳理，希望可以与专家同仁相互交流，促进人员用能行为研究的持续发展。同时，在新的时代背景下，人行为相关研究工作还有诸多待完善之处，希望各位专家同仁多提宝贵建议，共同探讨并不断完善研究的方法，推动人员用能行为研究领域的持续发展。

参 考 文 献

［1］ 清华大学建筑节能研究中心. 中国建筑节能年度发展研究报告 2021 ［M］. 北京：中国建筑工业出版社，2021.

［2］ 清华大学建筑节能研究中心，中国建筑节能年度发展研究报告 2013 ［M］. 北京：中国建筑工业出版社，2013.

［3］ Belessiotis V，Mathioulakis E. Analytical approach of thermosyphon solar domestic hot water system performance ［J］. Solar Energy，2002，72（4）.

［4］ Fabi V，Buso T，Andersen R K，et al. Robustness of building design with respect to energy related occupant behaviour ［Z］. 2013.

［5］ Guerra-Santin O，Itard L. Occupants' behaviour：Determinants and effects on residential heating consumption ［J］. Building Research and Information，2010，38（3）.

［6］ Clevenger C M，Haymaker J. The Impact Of The Building Occupant On Energy Modeling Simulations ［J］. In Joint International Conference on Computing and Decision Making in Civil and Building Engineering，2006.

［7］ Fabi V，Andersen R V，Corgnati S P，et al. A methodology for modelling energy-related human behaviour：Application to window opening behaviour in residential buildings ［J］. Building Simulation，2013，6（4）.

［8］ 李兆坚，江亿，魏庆芃. 北京市某住宅楼夏季空调能耗调查分析 ［J］. 暖通空调，2007，4：46-51.

［9］ 郭偲悦，燕达，彭琛，等. 上海地区住宅冬季供暖现状调查与测试研究 ［J］. 暖通空调，2014，000：11-15.

［10］ Morrow W，Rutledge B，Maniccla D，et al. High performance lighting controls in private offices：A field study of user behavior and preference ［Z］. 1998.

［11］ Masoso O T，Grobler L J. The dark side of occupants' behaviour on building energy use ［J］. Energy and Buildings，2010，42（2）：173-177.

［12］ Bahaj A S，James P a B. Urban energy generation：The added value of photovoltaics in social housing ［J］. Renewable g Sustainable Energy Reviews，2007，11（9）：2121-2136.

［13］ Guo S，Yan D，Cui Y. Analysis on the influence of occupant behavior patterns to building envelope's performance on space heating in residential buildings in Shanghai ［Z］. Proceedings of 2nd Asia Conference of International Building Performance Simulation Association，2014 .

［14］ 周欣，燕达，邓光蔚，等. 居住建筑集中与分散空调能耗对比研究 ［J］. 暖通空调，2014，7：18-25.

［15］ 周欣，燕达，邓光蔚，等. 区域供冷系统中人员用能行为的影响 ［J］. 建筑科学，2015，31（10）：85-93.

［16］ 王闯. 有关建筑用能的人行为模拟研究 ［D］. 北京：清华大学，2014.

［17］ Crawley D B，Lawrie L K，Winkelmann F C，et al. EnergyPlus：Creating a new-generation building energy simulation program ［J］. Energy and Buildings，2001，33（4）：319-331.

［18］ Yan D，Xia J，Tang W，et al. DeST—An integrated building simulation toolkit Part I：Fundamentals [J]. Building Simulation, 2008, 1 (2): 95-110.

[19] Reinhart C F. Lightswitch-2002: A model for manual and automated control of electric lighting and blinds [J]. Solar Energy, 2004, 77 (1): 15-28.

[20] Mahdavi A, Mohammadi A, Kabir E, et al. Occupants' operation of lighting and shading systems in office buildings [J]. Journal of building performance simulation, 2008, 1 (1): 57-65.

[21] Haldi F, Robinson D. Adaptive actions on shading devices in response to local visual stimuli [J]. Journal of Building Performance Simulation, 2010, 3 (2): 135-153.

[22] Chang W K, Hong T. Statistical analysis and modeling of occupancy patterns in open-plan offices using measured lighting-switch data [J]. Building Simulation, 2013, 6 (1): 23-32.

[23] Page J, Robinson D, Morel N, et al. A generalised stochastic model for the simulation of occupant presence [J]. Energy and Buildings, 2008, 40 (2): 83-98.

[24] Wang C, Yan D, Jiang Y. A novel approach for building occupancy simulation [J]. Building Simulation, 2011, 4 (2): 149-167.

[25] Brundrett G W. Ventilation: A behavioural approach [J]. International Journal of Energy Research, 1977, 1 (4): 289-298.

[26] Yun G Y, Tuohy P, Steemers K. Thermal performance of a naturally ventilated building using a combined algorithm of probabilistic toccupant behaviour and deterministic heat and mass balance models [J]. Energy and Buildings, 2009, 41 (5): 489-499.

[27] Zhang Y, Barrett P. Factors influencing occupants' blind-control behaviour in a naturally ventilated office building [J]. Building and Environment, 2012, 54: 137-147.

[28] Newsham G R. Manual Control of Window Blinds and Electric Lighting: Implications for Comfort and Energy Consumption [J]. Indoor and Built Environment, 1994, 3 (3).

[29] Hunt D R G. The use of artificial lighting in relation to daylight levels and occupancy [J]. Building and Environment, 1979, 14 (1): 21-23.

[30] Yasue R, Habara H, Nakamichi A, et al. Modeling the occupant behavior relating to window and air conditioner operation based on survey results [Z]. 2013.

[31] Ren X, Yan D, Wang C. Air-conditioning usage conditional probability model for residential buildings [J]. Building and Environment, 2014, 81: 172-182.

[32] Schiavon S, Lee K H. Dynamic predictive clothing insulation models based on outdoor air and indoor operative temperatures [J]. Building and Environment, 2013, 59: 250-260.

[33] D'oca S, Hong T. A data-mining approach to discover patterns of window opening and closing behavior in offices [J]. Building and Environment, 2014, 82: 726-739.

[34] Hong T, et al., Guidebook on monitoring, data collection and modeling for occupant behavior research Number [R], 2017.

[35] Vine E L. Saving energy the easy way: An analysis of thermostat management [J]. Energy, 1986, 11 (8): 811-820.

[36] Day J, Theodorson J, Van Den Wymelenberg K. Understanding controls, behaviors and satisfaction in the daylit perimeter office: A daylight design case study [J]. Journal of Interior Design, 2012, 37 (1).

[37] Becerik-Gerber B, Jazizadeh F, Li N, et al. Application Areas and Data Requirements for BIM-En-

abled Facilities Management [J]. Journal of Construction Engineering and Management，2012，138 (3)：431-442.

[38] Konis K. Evaluating daylighting effectiveness and occupant visual comfort in a side-lit open-plan office building in San Francisco, California [J]. Building and Environment，2013，59：662-677.

[39] Haldi F，Robinson D. On the behaviour and adaptation of office occupants [J]. Building and Environment，2008，43 (12)：2163-2177.

[40] Mccambridge J，Kypri K，Elbourne D. Research participation effects：A skeleton in the methodological cupboard [J]. Journal of Clinical Epidemiology，2014，67 (8)：845-849.

[41] Duarte C，Van Den Wymelenberg K，Rieger C. Revealing occupancy patterns in an office building through the use of occupancy sensor data [J]. Energy and Buildings，2013，67：587-595.

[42] De Dear R. Thermal comfort in practice [J]. Indoor Air，2004，14：32-39.

[43] Mccambridge J，Witton J，Elbourne D R. Systematic review of the Hawthorne effect：New concepts are needed to study research participation effects [J]. Joural of Clinical Epidemiology，2014，67：267-277.

[44] Andersen R，Fabi V，Toftum J，et al. Window opening behaviour modelled from measurements in Danish dwellings [J]. Building and Environment，2013，69：101-113.

[45] Reinhart C F. Daylight Availability and Manual Lighting Control in Office Buildings：simulation studies and analysis of measurements [D]，2001.

[46] 田雅颂，王现林，吴俊鸿. 夏季房间空调器用户温度设定行为分析 [J]. 制冷与空调，2019，019 (012)：18-22，7.

[47] 刘猛，晏璐，李金波，等. 大数据监测平台下的长江流域典型城市房间空调器温度设置分析 [J]. 土木与环境工程学报（中英文），2019，41 (5)：164-172.

[48] Yan L，Li J，Liu M，et al. Heating behavior using household air-conditioners during the COVID-19 lockdown in Wuhan：An exploratory and comparative study [J]. Building and Environment，2021，195：107731.

[49] Dong B，Lam K P. Building energy and comfort management through occupant behaviour pattern detection based on a large-scale environmental sensor network [J]. Journal of Building Performance Simulation，2011，4 (4)：359-369.

[50] Gram-Hanssen K. Residential heat comfort practices：Understanding users [J]. Building Research and Information，2010，38 (2)：175-186.

[51] Saldanha N，Beausoleil-Morrison I. Measured end-use electric load profiles for 12 Canadian houses at high temporal resolution [J]. Energy and Buildings，2012，49：519-530.

[52] Gunay H B，O'brien W，Beausoleil-Morrison I. A critical review of observation studies, modeling, and simulation of adaptive occupant behaviors in offices [J]. Building and Environment，2013，70：31-47.

[53] Dounis A I，Caralscos C. Advanced control systems engineering for energy and comfort management in a building environment-A review [J]. Renewable and Sustainable Energy Reviews，2009，13 (6-7)：1246-1261.

[54] Haq M a U，Hassan M Y，Abdullah H，et al. A review on lighting control technologies in commercial buildings, their performance and affecting factors [M]. 2014.

[55] Chastas P，Theodosiou T，Bikas D． Embodied energy in residential buildings-towards the nearly zero energy building：A literature review [J]． Building and Environment，2016，105：267-282.

[56] Richardson I，Thomson M，Infield D． A high-resolution domestic building occupancy model for energy demand simulations [J]． Energy and Buildings，2008，40 (8)：1560-1566.

[57] Andersen P D，Iversen A，Madsen H，et al． Dynamic modeling of presence of occupants using inhomogeneous Markov chains [J]． Energy and Buildings，2014，69：213-223.

[58] Erickson V L，Lin Y，Kamthe A，et al． Energy efficient building environment control strategies using real-time occupancy measurements [C] //Proceedings of the First ACM Workshop on Embedded Sensing Systems for Energy-Efficiency in Buildings，2009.

[59] Tabak V，De Vries B． Methods for the prediction of intermediate activities by office occupants [J]． Building and Environment，2010，45 (6)：1366-1372.

[60] Wang D，Federspiel C C，Rubinstein F． Modeling occupancy in single person offices [J]． Energy and Buildings，2005，37 (2)：121-126.

[61] Silva A S，Ghisi E． Uncertainty analysis of user behaviour and physical parameters in residential building performance simulation [J]． Energy and Buildings，2014，76：381-391.

[62] Ruzzelli A． BuildSys'10- Proceedings of the 2nd ACM Workshop on Embedded Sensing Systems for Energy-Efficiency in Buildings：Message from the general chair [J]． BuildSys'10 - Proceedings of the 2nd ACM Workshop on Embedded Sensing Systems for Energy-Efficiency in Buildings，2010：1-6.

[63] Koutamanis A，Van leusen M，Mitossi V． Route analysis in complex buildings [M]． Netherlands：Springer，2001.

[64] Lee J K，Shin J，Lee Y． Circulation analysis of design alternatives for elderly housing unit allocation using building information modelling-enabled indoor walkability index [J]． Indoor and Built Environment，2020，29 (3)：355-371.

[65] Shen W，Shen Q，Sun Q． Building Information Modeling-based user activity simulation and evaluation method for improving designer-user communications [J]． Automation in Construction，2012，21 (1)：148-160.

[66] Yuhaski S J，Smith J M． Modeling circulation systems in buildings using state dependent queueing models [J]． Queueing Systems，1989，4 (4)：319-338.

[67] Cheah J Y，Smith J M G． Generalized M/G/C/C state dependent queueing models and pedestrian traffic flows [J]． Queueing Systems，1994，15 (1-4)：365-386.

[68] Bakuli D L，Smith J M G． Resource allocation in state-dependent emergency evacuation networks [J]． European Journal of Operational Research，1996，89 (3)：543-555.

[69] Sime J D． An occupant response shelter escape time (ORSET) model [J]． Safety Science，2001，38 (2)：109-125.

[70] Pan X，Han C S，Dauber K，et al． Human and social behavior in computational modeling and analysis of egress [J]． Automation in Construction，2006，15 (4)：448-461.

[71] Khajehzadeh I，Vale B． Shared student residential space：a post occupancy evaluation [J]． Journal of Facilities Management，2016，14 (2)：102-124.

[72] Stringer A，Dunne J，Boussabaine H． Schools design quality：A user perspective [J]． Architec-

tural Engineering and Design Management，2012，8（4）：257-272.

［73］ Li Z，Dong B. A new modeling approach for short-term prediction of occupancy in residential buildings［J］. Building and Environment，2017，121：277-290.

［74］ Tomastik R，Lin Y，Banaszuk A. Video-based estimation of building occupancy during emergency egress［Z］. Proceedings of the American Control Conference，2008.

［75］ Lam K P，Wong N H，Henry F. A study of the use of performance-based simulation tools for building design and evaluation in Singapore［J］. Architecture，1999.

［76］ Madjidi M，Bauer M. How to overcome the HVAC simulation obstacles HVAC modeling［M］. 1995.

［77］ Djunaedy E，Van Den Wymelenberg K，Acker B，et al. Oversizing of HVAC system：Signatures and penalties［J］. Energy and Buildings，2011，43（2-3）：468-475.

［78］ Hien W N，Poh L K，Feriadi H. Computer-based performance simulation for building design and evaluation：The Singapore perspective［J］. Simulation and Gaming，2003，34（3）：457-477.

［79］ Todesco G. Integrated designs and HVAC equipment sizing［J］. Ashrae Journal，2004，46（9）：542-547.

［80］ Kang Y，Augenbroe G，Li Q，et al. Effects of scenario uncertainty on chiller sizing method［J］. Applied Thermal Engineering，2017，123：187-195.

［81］ Sun Y，Gu L，Wu C F J，et al. Exploring HVAC system sizing under uncertainty［J］. Energy and Buildings，2014，81：243-252.

［82］ Trčka M，Hensen J L M. Overview of HVAC system simulation［J］. Automation in Construction，2010，19(2)：93-99.

［83］ Lee Y S，Malkawi A M. Simulating multiple occupant behaviors in buildings：An agent-based modeling approach［J］. Energy and Buildings，2014，69：407-416.

［84］ Obrien W，Abdelalim A，Gunay H B. Development of an office tenant electricity use model and its application for right-sizing HVAC equipment［J］. Journal of Building Performance Simulation，2019，12（1）：37-55.

［85］ Khayatian F，Meshkinkiya M，Baraldi P，et al. Hybrid Probabilistic-Possibilistic Treatment of Uncertainty in Building Energy Models：A Case Study of Sizing Peak Cooling Loads［J］. ASCE-ASME Journal of Risk and Uncertainty in Engineering Systems，Part B：Mechanical Engineering，2018，4（4）.

［86］ Jacobs P，Henderson H. State-of-the-Art Review Whole Building，Building Envelope，and HVAC Component and System Simulation and Design Tools［Z］. 2002.

［87］ Bureau U S C. Available at https：//www. censusgov/construction/chars/highlights. html，2016.

［88］ Gov E. Available at https：//energygov/energysaver/services/energy-saver-guide-tips-saving-money-and-energy-home，2018.

［89］ Cole R J，Brown Z. Reconciling human and automated intelligence in the provision of occupant comfort［J］. Intelligent Buildings International，2009，1（1）：39-55.

［90］ Truelove H B，Carrico A R，Weber E U，et al. Positive and negative spillover of pro-environmental behavior：An integrative review and theoretical framework［J］. Global Environmental Change，2014，29：127-138.

［91］ Peffer T，Pritoni M，Meier A，et al. How people use thermostats in homes：A review［J］. Building and Environment，2011，46（12）：2529-2541.

［92］ Kolokotsa D，Tsiavos D，Stavrakakis G，et al. Advanced fuzzy logic controllers design and evaluation for buildings' occupants thermal-visual comfort and indoor air quality satisfaction［J］. Energy and buildings，2001，33（6）：531-543.

［93］ Collotta M，Messineo A，Nicolosi G，et al. Using Neural Network Forecasted Parameters as the Input［J］. 2014，4727-4756.

［94］ Trobec Lah M，Zupančič B，Peternelj J，et al. Daylight illuminance control with fuzzy logic［J］. Solar Energy，2006，80（3）：307-321.

［95］ Ferreira P M，Ruano A E，Silva S，et al. Neural networks based predictive control for thermal comfort and energy savings in public buildings［J］. Energy and Buildings，2012，55：238-251.

［96］ Liu W，Lian Z，Zhao B. A neural network evaluation model for individual thermal comfort［J］. Energy and Buildings，2007，39（10）：1115-1122.

［97］ Marvuglia A，Messineo A，Nicolosi G. Coupling a neural network temperature predictor and a fuzzy logic controller to perform thermal comfort regulation in an office building［J］. Building and Environment，2014，72：287-299.

［98］ Ciabattoni L，Cimini G，Ferracuti F，et al. Indoor thermal comfort control through fuzzy logic PMV optimization［C］// International Joint Conference on Neural Networks，IEEE，2015.

［99］ ASHRAE. ASHRAE Comfort Standard 55［S］. ASHRAE：2017.

［100］ Mirakhorli A，Dong B. Occupancy behavior based model predictive control for building indoor climate—A critical review［J］. Energy and Buildings，2016，129：499-513.

［101］ Rafsanjani H N，Ahn C R，Alahmad M. A review of approaches for sensing，understanding，and improving occupancy-related energy-use behaviors in commercial buildings［J］. Energy，2015，8（10）：10996-11029.

［102］ Li N，Calis G，Becerik-Gerber B. Measuring and monitoring occupancy with an RFID based system for demand-driven HVAC operations［J］. Automation in Construction，2012，24：89-99.

［103］ Dobbs J R，Hencey B M. Predictive HVAC control using a Markov occupancy model［C］// Proceedings of the American Control Conference，2014.

［104］ Mahdavi A，Tahmasebi F. Predicting people's presence in buildings：An empirically based model performance analysis［J］. Energy and Buildings，2015，86：349-355.

［105］ Liao C，Barooah P. An integrated approach to occupancy modeling and estimation in commercial buildings［J］. Proceedings of the 2010 American Control Conference，ACC 2010，2010：3130-5.

［106］ Manna C，Fay D，Brown K N，et al. Learning occupancy in single person offices with mixtures of multi-lag markov chains［C］// Proceedings - International Conference on Tools with Artificial Intelligence，ICTAI，2013.

［107］ Ai B，Fan Z，Gao R X. Occupancy estimation for smart buildings by an auto-regressive hidden Markov model［C］// IEEE，2014.

［108］ Cook D J，Youngblood M，Heierman E O，et al. MavHome：An agent-based smart home［C］// International Conference on Pervasive Computing and Communications. IEEE，2003.

［109］ Lee S，Chon Y，Kim Y，et al. Occupancy Prediction Algorithms for Thermostat Control Systems

Using Mobile Devices [J]. Ieee Transactions on Smart Grid, 2013, 4 (3): 1332-1340.

[110] Yan D, O'brien W, Hong T, et al. Occupant behavior modeling for building performance simulation: Current state and future challenges [J]. Energy and Buildings, 2015, 107: 264-278.

[111] Dong B, Andrews B, Lam K P, et al. An information technology enabled sustainability test-bed (ITEST) for occupancy detection through an environmental sensing network [J]. Energy and Buildings, 2010, 42 (7): 1038-1046.

[112] Chung T M, Burnett J. On the prediction of lighting energy savings achieved by occupancy sensors [J]. Energy Engineering: Journal of the Association of Energy Engineering, 2001, 98 (4): 6-23.

[113] Lindelöf D, Morel N. A field investigation of the intermediate light switching by users [J]. Energy and Buildings, 2006, 38 (7): 790-801.

[114] Rubinstein F M, Colak N, Jennings J D, et al. Analyzing Occupancy Profiles from a Lighting Controls Field Study [J]. CIE Session, 2003.

[115] Imasaki N, Kubo S, Nakal S, et al. Elevator group control system tuned by a fuzzy neural network applied method [C] //Proceedings of 1995 IEEE International Conference, IEEE, 1995.

[116] Olander E K, Eves F F. Elevator availability and its impact on stair use in a workplace [J]. Journal of Environmental Psychology, 2011, 31 (2): 200-206.

[117] Lang Z, Jia Q S, Feng X. A three-level human movement model in the whole building scale [C] // International Conference on Control and Auto mation, IEEE, 2016.

[118] Kuligowski E, Bukowski R W. Design of occupant Egress systems for tall buildings [J]. Elevator World, 2005, 53 (3): 85-91.

[119] Liu X, Huang X, Chen L, et al. Prediction of passenger flow at sanya airport based on combined methods [M]. Singapore: Springer, 2017.

[120] Nassar K. A model for assessing occupant flow in building spaces [J]. Automation in Construction, 2010, 19 (8): 1027-1036.

[121] Yang J, Jin J G, Wu J, et al. Optimizing Passenger Flow Control and Bus-Bridging Service for Commuting Metro Lines [J]. Computer-Aided Civil and Infrastructure Engineering, 2017, 32 (6): 458-473.

[122] Haldi F. A probabilistic model to predict building occupants' diversity towards their interactions with the building envelope [C] // Proceedings of the international IBPSA conference, 2013.

[123] Lee H Y, Yang I T, Lin Y C. Laying out the occupant flows in public buildings for operating efficiency [J]. Building and Environment, 2012, 51: 231-242.

[124] Mambo D A, Eftekhari M M, Steffen T, et al. Designing an occupancy flow-based controller for airport terminals [J]. Building Services Engineering Research and Technology, 2015, 36 (1): 51-66.

[125] Zhang Q, Han B, Lu F. Simulation model of passenger behavior in transport hubs [C] // 2009 International Conference on Industrial Mechatronics and Automation, ICIMA 2009, 2009.

[126] Bensilum M, Purser D. GridFlow: An object-oriented building evacuation model combining pre-movement and movement behaviours for performance-based design [J]. Fire Safety Science, 2003, 941-953.

[127] Martella C, Li J, Conrado C, et al. On current crowd management practices and the need for increased situation awareness, prediction, and intervention [J]. Safety Science, 2017, 91: 381-

393.

[128] Lamba S, Nain N. Crowd monitoring and classification: A survey [M]. 2017.

[129] Zheng X, Zhong T, Liu M. Modeling crowd evacuation of a building based on seven methodological approaches [J]. Building and Environment, 2009, 44 (3): 437-445.

[130] Sime J D. Crowd facilities, management and communications in disasters [J]. Facilities, 1999, 17: 313-324.

[131] Zhao D, Yang L, Li J. Occupants' behavior of going with the crowd based on cellular automata occupant evacuation model [J]. Physica A: Statistical Mechanics and its Applications, 2008, 387 (14): 3708-3718.

[132] Henein C M, White T. Agent-based modelling of forces in crowds [C] // Proceedings of the 2004 international Conference on Multi-Agent and Multi-Agent-Based Simulation, 2005.

[133] Wang P, Luh P B, Chang S C, et al. Modeling and optimization of crowd guidance for building emergency evacuation [C] // 4th IEEE Conference on Automation Science and Engineering, CASE 2008, 2008.

[134] Gong V X. Crowd Characterization using Social Media Data in City-Scale Events for Crowd Management [M]. 2018.

[135] Taneja L, Bolia N B. Network redesign for efficient crowd flow and evacuation [J]. Applied Mathematical Modelling, 2018, 53: 251-266.

[136] Chow W K, Ng C M Y. Waiting time in emergency evacuation of crowded public transport terminals [J]. Safety Science, 2008, 46 (5): 844-857.

[137] Radianti J, Granmo O C, Bouhmala N, et al. Crowd models for emergency evacuation: A review targeting human-centered sensing [J]. Proceedings of the Annual Hawaii International Conference on System Sciences, 2013, 156-165.

[138] Mary Reena K E, Mathew A T, Jacob L. A flexible control strategy for energy and comfort aware HVAC in large buildings [J]. Building and Environment, 2018, 145: 330-342.

[139] Abushakra B, Haberl J S, Claridge D E. ASHRAE research project 1093: Compilation of diversity factors and schedules for energy and cooling load calculations - literature review and database search [J]. Energy, 1999, 5: 84.

[140] Duarte C, Rieger C. Revealing Occupancy Patterns in Office Buildings Through the Use of Annual Occupancy Sensor Data ASHRAE Annual Conference Revealing Occupancy Patterns in Office Buildings through the use of Annual Occupancy Sensor Data [J]. Energy and Buildings, 2013, 67: 587-595.

[141] Erickson V L, Carreira-Perpinan M A, Cerpa A E. Occupancy Modeling and Prediction for Building Energy Management [J]. Acm Transactions on Sensor Networks, 2014, 10 (3): 1-28.

[142] Dong B, Lam K P. A real-time model predictive control for building heating and cooling systems based on the occupancy behavior pattern detection and local weather forecasting [J]. Building Simulation, 2014, 7 (1): 89-106.

[143] Duong T V, Phung D Q, Bui H H, et al. Human behavior recognition with generic exponential family duration modeling in the hidden semi-Markov model [C] // International Conference on Pattern Recognition, 2006.

[144] Zhang R，Lam K P，Chiou Y S，et al． Information-theoretic environment features selection for occupancy detection in open office spaces [J]． Building Simulation，2012，5 (2)：179-188．

[145] Dong B． Integrated Building Heating，Cooling and Ventilation Control [D]． Carnegie Mellon University，2010，

[146] Huang H，Xu H，Cai Y，et al． Distributed machine learning on smart-gateway network toward real-time smart-grid energy management with behavior cognition [J]． ACM Transactions on Design Automation of Electronic Systems，2018，23 (5)：1-26．

[147] Wang D，Federspiel C C，Rubinstein F J E，et al． Modeling occupancy in single person offices [J]． 2005，37 (2)：121-126．

[148] Sun K，Yan D，Hong T，et al． Stochastic modeling of overtime occupancy and its application in building energy simulation and calibration [J]． Building and Environment，2014，79：1-12．

[149] Gilani S，O'brien W． A preliminary study of occupants' use of manual lighting controls in private offices：A case study [J]． Energy and Buildings，2018，159：572-586．

[150] Andrews C J，Yi D，Krogmann U，et al． Designing buildings for real occupants：An agent-based approach [J]． IEEE Transactions on Systems，Man，and Cybernetics Part A：Systems and Humans，2011，41 (6)：1077-1091．

[151] Azar E，Menassa C C． Agent-Based Modeling of Occupants and Their Impact on Energy Use in Commercial Buildings [J]． Journal of Computing in Civil Engineering，2012，26 (4)：506-18．

[152] Langevin J，Wen J，Gurian P L． Simulating the human-building interaction：Development and validation of an agent-based model of office occupant behaviours [C] // Proceedings - Windsor Conference 2014：Counting the Cost of Comfort in a Changing World，2019．

[153] Putra H C，Andrews C J，Senick J A． An agent-based model of building occupant behavior during load shedding [J]． Building Simulation，2017，10 (6)：1-15．

[154] Chen Z，Soh Y C． Comparing occupancy models and data mining approaches for regular occupancy prediction in commercial buildings [J]． Journal of Building Performance Simulation，2017，10 (5-6)：545-553．

[155] Feng X，Yan D，Hong T． Simulation of occupancy in buildings [J]． Energy and Buildings，2015，87：348-359．

[156] Baptista M，Fang A，Prendinger H，et al． Accurate household occupant behavior modeling based on data mining techniques [Z]． 2014．

[157] Tijani K，Kashif A，Ploix S，et al． Comparison between purely statistical and multi-agent based ap-proaches for occupant behaviour modeling in buildings [M]． 2014．

[158] Luo X，Lam K P，Chen Y，et al． Performance evaluation of an agent-based occupancy simulation model [J]． Building and Environment，2017，115：42-53．

[159] Zarboutis N，Marmaras N． Searching efficient plans for emergency rescue through simulation：the case of a metro fire [J]． Cognition，Technology & Work，2004，6 (2)：117-126．

[160] Pelechano N，Allbeck J M，Badler N I． Controlling individual agents in high-density crowd simulation [J]． Symposium on Computer Animation 2007 - ACM SIGGRAPH / Eurographics Symposium Proceedings，SCA 2007，2007：99-108．

[161] Helbing D，Molnár P． Social force model for pedestrian dynamics [J]． Physical Review E，1995，

51 (5): 4282-4286.

[162] Helbing D. A Fluid Dynamic Model for the Movement of Pedestrians [J]. Complex Systems, 1998, 6: 1-23.

[163] Helbing D, Farkas I, Vicsek T. Simulating dynamical features of escape panic [J]. Nature, 2000, 407 (6803): 487-490.

[164] Helbing D, Buzna L, Johansson A, et al. Self-organized pedestrian crowd dynamics: Experiments, simulations, and design solutions [J]. Transportation Science, 2005, 39 (1): 1-24.

[165] Moussaïd M, Helbing D, Garnier S, et al. Experimental study of the behavioural mechanisms underlying self-organization in human crowds [J]. Proceedings of the Royal Society B: Biological Sciences, 2009, 276 (1668): 2755-2762.

[166] Moussaïd M, Perozo N, Garnier S, et al. The walking behaviour of pedestrian social groups and its impact on crowd dynamics [J]. PLoS ONE, 2010, 5 (4): 1-7.

[167] Moussaïd M, Helbing D, Theraulaz G. How simple rules determine pedestrian behavior and crowd disasters [J]. Proceedings of the National Academy of Sciences of the United States of America, 2011, 108 (17): 6884-6888.

[168] Johansson A, Helbing D, Al-Abideen H Z, et al. From crowd dynamics to crowd safety: A video-based analysis [J]. Advances in Complex Systems, 2008, 11 (4): 497-527.

[169] Hughes R L. The flow of human crowds [J]. Annual Review of Fluid Mechanics, 2003, 35 (1997): 169-182.

[170] Di M, Markowich P A, Pietschmann J-F, et al. On the Hughes' model for pedestrian flow: The one-dimensional case [J]. Journal of Differential Equations, 2011, 250 (3): 1334-1362.

[171] Carlini E, Festa A, Silva F J. The Hughes model for pedestrian dynamics and congestion modelling [J]. IFAC-PapersOnLine, 2017, 50 (1): 1655-1660.

[172] Camilli F, Festa A, Tozza S. A discrete hughes model for pedestrian flow on graphs [J]. Networks and Heterogeneous Media, 2017, 12 (1): 93-112.

[173] Burstedde C, Klauck K, Schadschneider A, et al. Simulation of pedestrian dynamics using a two-dimensional cellular automaton [J]. Physica A: Statistical Mechanics and its Applications, 2001, 295 (3-4): 507-525.

[174] Song W, Xu X, Wang B H, et al. Simulation of evacuation processes using a multi-grid model for pedestrian dynamics [J]. Physica A: Statistical Mechanics and its Applications, 2006, 363 (2): 492-500.

[175] Ahh K U, Kim D W, Park C S, et al. Predictability of occupant presence and performance gap in building energy simulation [J]. Applied Energy, 2017, 208: 1639-1652.

[176] Yan D, Feng X, Jin Y, et al. The evaluation of stochastic occupant behavior models from an application-oriented perspective: Using the lighting behavior model as a case study [J]. Energy and Buildings, 2018, 176: 151-162.

[177] Dobbs J R, Hencey B M. Model predictive HVAC control with online occupancy model [J]. Energy and Buildings, 2014, 82: 675-684.

[178] Atif Y, Kharrazi S, Jianguo D, et al. Internet of Things data analytics for parking availability prediction and guidance [J]. Transactions on Emerging Telecommunications Technologies, 2020,

31 (5).

[179] Ohsugi S, Koshizuka N. Delivery Route Optimization Through Occupancy Prediction from Electricity Usage [C] // Proceedings - International Computer Software and Applications Conference, 2018 .

[180] Erickson V L, Carreira-Perpinan M A, Cerpa A E. OBSERVE: Occupancy-based system for efficient reduction of HVAC energy [C] // Proceedings 2011 10th International Conference on Information Processing in Sensor Networks, 2011.

[181] Oldewurtel F, Sturzenegger D, Morani M. Importance of occupancy information for building climate control [J]. Applied Energy, 2013, 101: 521-532.

[182] Kleiminger W, Mattern F, Santini S. Predicting household occupancy for smart heating control: A comparative performance analysis of state-of-the-art approaches [J]. Energy and Buildings, 2014, 85: 493-505.

[183] Scott J, Bernheim Brush A, Krumm J, et al. PreHeat: controlling home heating using occupancy prediction [C] // Proceedings of the 13th international conference on Ubiquitous computing, 2011.

[184] Beltran A, Cerpa A E. Optimal HVAC building control with occupancy prediction [C] // BuildSys 2014- Proceedings of the 1st ACM Conference on Embedded Systems for Energy-Efficient Buildings, 2014.

[185] Burak Gunay H, O'brien W, Beausoleil-Morrison I. Development of an occupancy learning algorithm for terminal heating and cooling units [J]. Building and Environment, 2015, 93 (P2): 71-85.

[186] Dong J, Winstead C, Nutaro J, et al. Occupancy-based HVAC control with short-term occupancy prediction algorithms for energy-efficient buildings [J]. Energies, 2018, 11 (9).

[187] Hyung-Chul J, Jaehee L, Sung-Kwan J. Scheduling of air-conditioner using occupancy prediction in a smart home/building environment [C] // 2014 IEEE International Conference on Consumer Electionics, 2014.

[188] Killian M, Kozek M. Short-term occupancy prediction and occupancy based constraints for MPC of smart homes [J]. IFAC-PapersOnLine, 2019, 52 (4): 377-382.

[189] Kim S, Kang S, Ryu K R, et al. Real-time occupancy prediction in a large exhibition hall using deep learning approach [J]. Energy and Buildings, 2019, 199: 216-222.

[190] Li Z, Dong B. Short term predictions of occupancy in commercial buildings-Performance analysis for stochastic models and machine learning approaches [J]. Energy and Buildings, 2018, 158: 268-281.

[191] Nacer A, Marhic B, Delahoche L, et al. ALOS: Automatic learning of an occupancy schedule based on a new prediction model for a smart heating management system [J]. Building and Environment, 2018, 142: 484-501.

[192] Pedersen T H, Petersen S. Investigating the performance of scenario-based model predictive control of space heating in residential buildings [J]. Journal of Building Performance Simulation, 2018, 11 (4): 485-498.

[193] Peng Y, Rysanek A, Nagy Z, et al. Occupancy learning-based demand-driven cooling control for

office spaces [J]. Building and Environment, 2017, 122: 145-160.

[194] Peng Y, Rysanek A, Nagy Z, et al. Using machine learning techniques for occupancy-prediction-based cooling control in office buildings [J]. Applied Energy, 2018, 211: 1343-1358.

[195] Pesic S, Tosic M, Ikovic O, et al. BLEMAT: Data Analytics and Machine Learning for Smart Building Occupancy Detection and Prediction [J]. International Journal on Artificial Intelligence Tools, 2019, 28 (6):

[196] Qolomany B, AL-Fuqaha A, Benhaddou D, et al. Role of Deep LSTM Neural Networks and Wi-Fi Networks in Support of Occupancy Prediction in Smart Buildings [C] // Proceedings - 2017 IEEE 19th Intl Conference on High Performance Computing and Communications, HPCC 2017, 2017 IEEE 15th Intl Conference on Smart City, SmartCity 2017 and 2017 IEEE 3rd Intl Conference on Data Science and Systems, DSS 2017, 2018.

[197] Salimi S, Liu Z, Hammad A. Occupancy prediction model for open-plan offices using real-time location system and inhomogeneous Markov chain [J]. Building and Environment, 2019, 152: 1-16.

[198] Sama S K, Rahnamay-Naeini M. A study on compression-based sequential prediction methods for occupancy prediction in smart homes [C] // 2016 IEEE 7th Annual Ubiquitous Computing, Electronics and Mobile Communication Conference, UEMCON 2016, 2016.

[199] Sangogboye F C, Kjærgaard M B. PROMT: predicting occupancy presence in multiple resolution with time-shift agnostic classification [J]. Computer Science - Research and Development, 2018, 33 (1-2): 105-115.

[200] Sangogboye F C, Kjærgaard M B. Poster abstract: Occupancy count prediction for model predictive control in buildings [C] // BuildSys 2017 - Proceedings of the 4th ACM International Conference on Systems for Energy-Efficient Built Environments, 2017.

[201] Saralegui U, Angel Anton M, Arbelaitz O, et al. Smart Meeting Room Usage Information and Prediction by Modelling Occupancy Profiles [J]. Sensors, 2019, 19 (2).

[202] Shi J, Yu N, Yao W. Energy Efficient Building HVAC Control Algorithm with Real-time Occupancy Prediction [J]. Energy Procedia, 2017, 111: 267-276.

[203] Sookoor T, Holben B, Whitehouse K. Feasibility of retrofitting centralized HVAC systems for room-level zoning [C] // 2012 International Green Computing Conference, IGCC 2012, 2012.

[204] Tahmasebi F, Mahdavi A. Stochastic models of occupants' presence in the context building systems control [J]. Advances in Building Energy Research, 2016, 10 (1): 1-9.

[205] Vazquez F I, Kastner W. Clustering methods for occupancy prediction in smart home control [C] // IEEE International Symposium on Industrial Electronics, 2011.

[206] Wang W, Chen J, Song X. Modeling and predicting occupancy profile in office space with a Wi-Fi probe-based Dynamic Markov Time-Window Inference approach [J]. Building and Environment, 2017, 124: 130-142.

[207] Ali G, Ali T, Irfan M, et al. IoT based smart parking system using deep long short memory network [J]. Electronics, 2020, 9 (10): 1-18.

[208] Salimi S, Hammad A. Sensitivity analysis of probabilistic occupancy prediction model using big data [J]. Building and Environment, 2020, 172: 106729.

[209] Das A, Kjærgaard M B. Precept: Occupancy presence prediction inside a commercial building [C] // UbiComp/ISWC 2019- - Adjunct Proceedings of the 2019 ACM International Joint Conference on Pervasive and Ubiquitous Computing and Proceedings of the 2019 ACM International Symposium on Wearable Computers, 2019.

[210] Huang W, Lin Y, Lin B, et al. Modeling and predicting the occupancy in a China hub airport terminal using Wi-Fi data [J]. Energy and Buildings, 2019, 203.

[211] Aftab M, Chen C, Chau C K, et al. Automatic HVAC control with real-time occupancy recognition and simulation-guided model predictive control in low-cost embedded system [J]. Energy and Buildings, 2017, 154: 141-156.

[212] Gomez Ortega J L, Liangxiu H, Bowring N. A Novel Dynamic Hidden Semi-Markov Model (D-HSMM) for Occupancy Pattern Detection from Sensor Data Stream [C] //Ifip International Conference on New Technologies, 2016.

[213] Adamopoulou A A, Tryferidis A M, Tzovaras D K. A context-aware method for building occupancy prediction [J]. Energy and Buildings, 2016, 110: 229-244.

[214] Ashouri A, Newsham G R, Shi Z, et al. Day-ahead Prediction of Building Occupancy using WiFi Signals [C] // IEEE International Conference on Automation Science and Engineering, 2019.

[215] Auquilla A, De Bock Y, Nowe A, et al. Combining occupancy user profiles in a multi-user environment: An academic office case study [C] // Proceedings - 12th International Conference on Intelligent Environments, 2016.

[216] Huchuk B, Sanner S, O'brien W. Comparison of machine learning models for occupancy prediction in residential buildings using connected thermostat data [J]. Building and Environment, 2019, 160: 106-177.

[217] Imamovic K, Sangogboye F C, Kjærgaard M B. Poster abstract: Improving occupancy presence prediction via multi-label classification [C] // BuildSys 2015 - Proceedings of the 2nd ACM International Conference on Embedded Systems for Energy-Efficient Built, 2015.

[218] Liang X, Hong T, Shen G Q. Occupancy data analytics and prediction: A case study [J]. Building and Environment, 2016, 102: 179-192.

[219] Naylor S, Gillott M, Herries G. The development of occupancy monitoring for removing uncertainty within building energy management systems [C] // 2017 International Conference on Localization and GNSS, 2017.

[220] Ryan C, Brown K N. Occupant location prediction using association rule mining [C] // CEUR Workshop Proceedings, 2012.

[221] Ryan T, Vipperman J S. Incorporation of scheduling and adaptive historical data in the Sensor-Utility-Network method for occupancy estimation [J]. Energy and Buildings, 2013, 61: 88-92.

[222] Sangogboye F C, Arendt K, Singh A, et al. Performance comparison of occupancy count estimation and prediction with common versus dedicated sensors for building model predictive control [J]. Building Simulation, 2017, 10 (6): 829-843.

[223] Sangogboye F C, Imamovic K, Kjærgaard M B. Improving occupancy presence prediction via multi-label classification [C] // 2016 IEEE International Conference on Pervasive Computing and Communication Workshops, PerCom Workshops 2016, 2016.

［224］ Garaza C R，Hespanhol P，Mintz Y，et al. Impact of Occupancy Modeling and Horizon Length on HVAC Controller Efficiency［C］// 2018 European Control Conference，ECC 2018，2018.

［225］ D'oca S，Hong T. Occupancy schedules learning process through a data mining framework［J］. Energy and Buildings，2015，88：395-408.

［226］ De Bock Y，Auquilla A，Nowé A，et al. Nonparametric user activity modelling and prediction ［J］. User Modeling and User-Adapted Interaction，2020，30（5）.

［227］ Turley C，Jacoby M，Pavlak G，et al. Development and evaluation of occupancy-aware HVAC control for residential building energy efficiency and occupant comfort［J］. Energies，2020，13 （20）.

［228］ Yuan Y，Liu K S，Munir S，et al. Leveraging fine-grained occupancy estimation patterns for effective HVAC control［C］// Proceedings - 5th ACM/IEEE Conference on Internet of Things Design and Implementation，IoTDI 2020，2020.

［229］ Ryu S H，Moon H J. Development of an occupancy prediction model using indoor environmental data based on machine learning techniques［J］. Building and Environment，2016，107：1-9.

［230］ Wang Z，Hong T，Piette M A. Data fusion in predicting internal heat gains for office buildings through a deep learning approach［J］. Applied Energy，2019，240：386-398.

［231］ Hobson B W，Gunay H B，Ashourl A，et al. Clustering and motif identification for occupancy-centric control of an air handling unit［J］. Energy and Buildings，2020，223.

［232］ Lu J，Sookoor T，Srinivasan V，et al. The smart thermostat：using occupancy sensors to save energy in homes［C］// Proceedings of the 8th ACM conference on embedded networked sensor systems，2010.

［233］ Alrazgan A，Nagarajan A，Brodsky A，et al. Learning occupancy prediction models with decision-guidance query language［C］// Proceedings of the Annual Hawaii International Conference on System Sciences，2011.

［234］ Mamidi S，Chang Y H，Maheswaran R. Adaptive learning agents for sustainable building energy management［C］// AAAI Spring Symposium - Technical Report，2012.

［235］ Razavi R，Gharipour A，Fleury M，et al. Occupancy detection of residential buildings using smart meter data：A large-scale study［J］. Energy and Buildings，2019，183：195-208.

［236］ Soudari M，Kaparin V，Srinivasan S，et al. Predictive smart thermostat controller for heating, ventilation，and air-conditioning systems［J］. Proceedings of the Estonian Academy of Sciences, 2018，67（3）：291-299.

［237］ Widmer G，Kubat M. Learning in the presence of concept drift and hidden contexts［J］. Machine Learning，1996，23（1）：69-101.

［238］ Gallager R G. Discrete stochastic processes［M］. Springer Science & Business Media，2012.

［239］ Clevenger C M，Haymaker J. The impact of the building occupant on energy modeling simulations ［C］// Joint International Conference on Computing and Decision Making in Civil and Building Engineering，Montreal，Canada，2006.

［240］ Moussaïd M，Perozo N，Garnier S，et al. The walking behaviour of pedestrian social groups and its impact on crowd dynamics［J］. PloS one，2010，5（4）：e10047.

［241］ Dodier R H，Henze G P，Tiller D K，et al. Building occupancy detection through sensor belief networks [J]. Energy and buildings, 2006, 38 (9): 1033-1043.

[242] 张玉芬, 朱雅琳. 马尔可夫性及其检验方法研究 [J]. 价值工程, 2012, 31 (2): 312-313.

[243] 孙荣恒, 等. 概率论和数理统计 [M]. 重庆: 重庆大学出版社, 2000.

[244] Newton P W, Tucker S N. Hybrid buildings: a pathway to carbon neutral housing [J]. Architectural Science Review, 2010, 53 (1): 95-106.

[245] Tozer L, Klenk N. Urban configurations of carbon neutrality: Insights from the Carbon Neutral Cities Alliance [J]. Environment Planning C: Politics Space, 2019, 37 (3): 539-557.

[246] Al-Ghamdi S G, Bilec M M. On-site renewable energy and green buildings: a system-level analysis [J]. Environmental Science and Technology, 2016, 50 (9): 4606-4614.

[247] Jin Y, Yan D, Zhang X, et al. A data-driven model predictive control for lighting system based on historical occupancy in an office building: Methodology development [J]. Building Simulation, 2021: 1-17.

[248] Yan D, Hong T, Dong B, et al. IEA EBC Annex 66: Definition and simulation of occupant behavior in buildings [J]. Energy and Buildings, 2017, 156: 258-270.

[249] Dong B, Yan D, Li Z, et al. Modeling occupancy and behavior for better building design and operation—A critical review [J]. Building Simulation, 2018, 11 (5): 899-921.

[250] Kouyoumdjieva S T, Danielis P, Karlsson G. Survey of Non-Image-Based Approaches for Counting People [J]. IEEE Communications Surveys and Tutorials, 2019, 22 (2): 1305-1336.

[251] Jin Y, Yan D, Chong A, et al. Occupancy forecast in buildings: A systematical and critical review and perspective [J]. Under review, 2021, 251 (9): 111345.

[252] Vázquez F I, Kastner W. Clustering methods for occupancy prediction in smart home control [C] // 2011 IEEE International Symposium on Industrial Electronics, 2011.

[253] 康旭源, 燕达, 孙红三, 等. 基于人员位置大数据的建筑人员作息模式研究 [J]. 暖通空调, 2020, 50 (7): 1-10, 90.

[254] Basu C, Koehler C, Das K, et al. PerCCS: Person-count from carbon dioxide using sparse non-negative matrix factorization [C] // UbiComp 2015 - Proceedings of the 2015 ACM International Joint Conference on Pervasive and Ubiquitous Computing, 2015.

[255] Aftab M, Chen C, Chau C-K, et al. Automatic HVAC control with real-time occupancy recognition and simulation-guided model predictive control in low-cost embedded system [J]. Energy and Buildings, 2017, 154: 141-156.

[256] Haldi F, Robinson D. Interactions with window openings by office occupants [J]. Building and Environment, 2009, 44 (12): 2378-2395.

[257] Axtell R L, Andrews C J, Small M J. Agent-based modeling and industrial ecology [J]. Journal of Industrial Ecology, 2001, 5 (4): 10-14.

[258] Langevin J, Wen J, Gurian P L. Including occupants in building performance simulation: integration of an agent-based occupant behavior algorithm with EnergyPlus [C] // Proceedings of the ASHRAE/IBPSAUSA Buidling Simulation Conference, Atlanta, GA, USA, 2014.

[259] 何选森. 随机过程与排队论 [M]. 长沙: 湖南大学出版社, 2010.

[260] 方子兴. Weibull Distribution and the Methods of Its Parameter Estimation/韦布尔分布及其参数估计 [J]. Lin Ye Ke Xue Yan Jiu, 1993, 6 (4): 423.

[261] 周欣. 建筑服务系统集中与分散问题的定量分析方法研究 [D]. 北京：清华大学，2015.

[262] Hunt D R，Cockram A. Field studies of the use of artificial lighting in offices. Current papers Number [R]. England：Building Research Station，Watford.

[263] Hunt D. Predicting artificial lighting use-a method based upon observed patterns of behaviour [J]. Lighting Research & Technology，1980，12（1）：7-14.

[264] Klein L，Kwak J-Y，Kavulya G，et al. Coordinating occupant behavior for building energy and comfort management using multi-agent systems [J]. Automation in construction，2012，22：525-536.

[265] Yan D，O' brien W，Hong T，et al. Occupant behavior modeling for building performance simulation：Current state and future challenges [J]. Energy and buildings，2015，107：264-278.

[266] Herkel S，Knapp U，Pfafferott J. Towards a model of user behaviour regarding the manual control of windows in office buildings [J]. Building and environment，2008，43（4）：588-600.

[267] Sargent R G. Verification and validation of simulation models [C] // Proceedings of the 2010 winter simulation conference，2010.

[268] Legates D R，Mccabe Jr G J. Evaluating the use of "goodness-of-fit" measures in hydrologic and hydroclimatic model validation [J]. Water resources research，1999，35（1）：233-341.

[269] Moriasi D N，Arnold J G，Van Liew M W，et al. Model evaluation guidelines for systematic quantification of accuracy in watershed simulations [J]. Transactions of the ASABE，2007，50（3）：885-900.

[270] Willmott C J. Some comments on the evaluation of model performance [J]. Bulletin of the American Meteorological Society，1982，63（11）：1309-1313.

[271] Gauch H G，Hwang J G，Fick G W. Model evaluation by comparison of model-based predictions and measured values [J]. Agronomy Journal，2003，95（6）：1442-1446.

[272] Robinson S. Simulation model verification and validation：increasing the users' confidence [C] // Proceedings of the 29th conference on Winter simulation，1997.

[273] Shiffrin R M，Lee M D，Kim W，et al. A survey of model evaluation approaches with a tutorial on hierarchical Bayesian methods [J]. Cognitive Science，2008，32（8）：1248-1284.

[274] Gaetani I，Hoes P-J，Hensen J L. Occupant behavior in building energy simulation：Towards a fit-for-purpose modeling strategy [J]. Energy and Buildings，2016，121：188-204.

[275] 杨德林. 随机变量拟合优度检验和分布参数 Bayes 估计 [J]. 同济大学学报：自然科学版. 1998：3：340-344.

[276] Pérez-Lombard L，Ortiz J，González R，et al. A review of benchmarking，rating and labelling concepts within the framework of building energy certification schemes [J]. Energy and Buildings，2009，41（3）：272-278.

[277] Clarke J. Energy simulation in building design [M]. Routledge，2007.

[278] 康诺弗，恒建. 实用非参数统计 [M]. 北京：人民邮电出版社，2006.

[279] Lilliefors H W. On the Kolmogorov-Smirnov test for normality with mean and variance unknown [J]. Journal of the American statistical Association，1967，62（318）：399-402.

[280] Razali N M，Wah Y B. Power comparisons of shapiro-wilk，kolmogorov-smirnov，lilliefors and anderson-darling tests [J]. Journal of statistical modeling and analytics，2011，2（1）：21-33.

[281] Bourgeols D, Reinhart C, Macdonald I. Adding advanced behavioural models in whole building energy simulation: A study on the total energy impact of manual and automated lighting control [J]. Energy and buildings, 2006, 38 (7): 814-823.

[282] Krarti M, Erickson P M, Hillman T C. A simplified method to estimate energy savings of artificial lighting use from daylighting [J]. Building and environment, 2005, 40 (6): 747-754.

[283] Zhu D, Hong T, Yan D, et al. A detailed loads comparison of three building energy modeling programs: EnergyPlus, DeST and DOE-2.1 E [C] // Building Simulation, 2013.

[284] Eilers M, Reed J, Works T. Behavioral aspects of lighting and occupancy sensors in private offices: a case study of a university office building [J]. ACEEE 1996 summer study on energy efficiency in buildings, 1996: 161-170.

[285] Chung T, Burnett J. On the prediction of lighting energy savings achieved by occupancy sensors [J]. Energy engineering, 2001, 98 (4): 6-23.

[286] Chan S-C, Tsui K M, Wu H, et al. Load/price forecasting and managing demand response for smart grids: Methodologies and challenges [J]. IEEE signal processing magazine, 2012, 29 (5): 68-85.

[287] Stokes M, Rylatt M, Lomas K. A simple model of domestic lighting demand [J]. Energy and Buildings, 2004, 36 (2): 103-116.

[288] Richardson I, Thomson M, Infield D, et al. Domestic lighting: A high-resolution energy demand model [J]. Energy and Buildings, 2009, 41 (7): 781-789.

[289] Widén J, Nilsson A M, Wäckelgård E. A combined Markov-chain and bottom-up approach to modelling of domestic lighting demand [J]. Energy and Buildings, 2009, 41 (10): 1001-1012.

[290] Li D H, Lam J C. An analysis of lighting energy savings and switching frequency for a daylit corridor under various indoor design illuminance levels [J]. Applied Energy, 2003, 76 (4): 363-378.

[291] Justel A, Peña D, Zamar R. A multivariate Kolmogorov-Smirnov test of goodness of fit [J]. Statistics & Probability Letters, 1997, 35 (3): 251-259.

[292] Construit A E T, Doctoral P, Environnement E N. Towards a Unified Model of Occupants' Behaviour and Comfort for Building Energy Simulation [J]. Epfl, 2010, 4587.

[293] Karjalainen S. Should we design buildings that are less sensitive to occupant behaviour? A simulation study of effects of behaviour and design on office energy consumption [J]. Energy Efficiency, 2016, 9 (6): 1257-1270.

[294] Barthelmes V M, Becchio C, Corgnati S P. Occupant behavior lifestyles in a residential nearly zero energy building: Effect on energy use and thermal comfort [J]. Science and Technology for the Built Environment, 2016, 22 (7): 960-975.

[295] Feng X, Yan D, Yu R, et al. Investigation and modelling of the centralized solar domestic hot water system in residential buildings [J]. Building Simulation, 2017, 10: 87-96.

[296] Andersen R V, Olesen B W, Toftum J. Simulation of the effects of occupant behaviour on indoor climate and energy consumption [C] // Proceedings of Clima, 2007.

[297] Fabi V, Andersen R V, Corgnati S P. Influence of occupant's heating set-point preferences on indoor environmental quality and heating demand in residential buildings [J]. HVAC&R Research, 2013, 19 (5): 635-645.

[298] O'brien W, Gunay H B, Tahmasebi F, et al. A preliminary study of representing the inter-occupant diversity in occupant modelling [J]. Journal of Building Performance Simulation, 2017, 10 (5-6): 509-526.

[299] Haldi F, Calì D, Andersen R K, et al. Modelling diversity in building occupant behaviour: a novel statistical approach [J]. Journal of Building Performance Simulation, 2017, 10 (5-6): 527-544.

[300] Yu Z, Fung B C, Haghighat F, et al. A systematic procedure to study the influence of occupant behavior on building energy consumption [J]. Energy and buildings, 2011, 43 (6): 1409-1417.

[301] Abreu P H, Silva D C, Amaro H, et al. Identification of residential energy consumption behaviors [J]. Journal of Energy Engineering, 2016, 142 (4): 04016005.

[302] Ren X, Yan D, Hong T. Data mining of space heating system performance in affordable housing [J]. Building and Environment, 2015, 89: 1-13.

[303] Landers R N, Lounsbury J W. An investigation of Big Five and narrow personality traits in relation to Internet usage [J]. Computers in human behavior, 2006, 22 (2): 283-293.

[304] Ryan T, Xenos S. Who uses Facebook? An investigation into the relationship between the Big Five, shyness, narcissism, loneliness, and Facebook usage [J]. Computers in human behavior, 2011, 27 (5): 1658-1664.

[305] Worth N C, Book A S. Dimensions of video game behavior and their relationships with personality [J]. Computers in Human Behavior, 2015, 50: 132-140.

[306] Dixon G N, Deline M B, Mccomas K, et al. Saving energy at the workplace: The salience of behavioral antecedents and sense of community [J]. Energy Research & Social Science, 2015, 6: 121-127.

[307] Walker S, Lowery D, Theobald K. Low-carbon retrofits in social housing: Interaction with occupant behaviour [J]. Energy Research & Social Science, 2014, 2: 102-114.

[308] Zhou X, Yan D, Feng X, et al. Influence of household air-conditioning use modes on the energy performance of residential district cooling systems [J]. Building Simulation, 2016, 9 (4): 429-441.

[309] Stevens S S. On the theory of scales of measurement [J]. Science, 1946, 103 (2684): 677-680.

[310] Guerra L, Mcgarry L M, Robles V, et al. Comparison between supervised and unsupervised classifications of neuronal cell types: a case study [J]. Developmental neurobiology, 2011, 71 (1): 71-82.

[311] Tan P-N, Steinbach M, Kumar V. Data mining cluster analysis: basic concepts and algorithms [J]. Introduction to data mining, 2013, 487-533.

[312] Kaufman L, Rousseeuw P J. Finding groups in data: an introduction to cluster analysis [M]. John Wiley & Sons, 2009.

[313] Bridges Jr C C. Hierarchical cluster analysis [J]. Psychological reports, 1966, 18 (3): 851-854.

[314] Ward Jr J H. Hierarchical grouping to optimize an objective function [J]. Journal of the American statistical association, 1963, 58 (301): 236-244.

[315] 陈希孺, 倪国熙. 数理统计学教程 [M]. 合肥: 中国科学技术大学出版社, 2009.

[316] Lee Y-S, Tong L-I. Forecasting energy consumption using a grey model improved by incorporating

genetic programming [J]. Energy conversion and Management, 2011, 52 (1): 147-152.

[317] Santamouris M, Mihalakakou G, Patargias P, et al. Using intelligent clustering techniques to classify the energy performance of school buildings [J]. Energy and buildings, 2007, 39 (1): 45-51.

[318] 徐强, 庄智, 朱伟峰, 等. 上海市大型公共建筑能耗统计分析 [C] // 城市发展研究——第 7 届国际绿色建筑与建筑节能大会论文集, 2011.

[319] Bhar L. Non-parametric Tests [Z]. 2004.

[320] Steck G. The Smirnov two sample tests as rank tests [J]. The Annals of Mathematical Statistics, 1969, 40 (4): 1449-1466.

[321] O'brien W, Gunay H B. The contextual factors contributing to occupants' adaptive comfort behaviors in offices-A review and proposed modeling framework [J]. Building and Environment, 2014, 77: 77-87.

[322] D'oca S, Gunay H B, Gilani S, et al. Critical review and illustrative examples of office occupant modelling formalisms [J]. Building Services Engineering Research and Technology, 2019, 40 (6): 732-757.

[323] Allen I E, Seaman C A. Likert scales and data analyses [J]. Quality progress, 2007, 40 (7): 64-65.

[324] Zhang Y, Barrett P. Factors influencing the occupants' window opening behaviour in a naturally ventilated office building [J]. Building and Environment, 2012, 50: 125-134.

[325] Wang C, Yan D, Sun H, et al. A generalized probabilistic formula relating occupant behavior to environmental conditions [J]. Building and Environment, 2016, 95: 53-62.

[326] Gilani, Sara & Gunay, Burak & Carrizo, Sebastian. Use of dynamic occupant behavior models in the building design and code compliance processes. Energy and Buildings, 2016, 117: 260-271.

[327] 徐振坤, 李金波, 石文星等. 长江流域住宅用空调器使用状态与能耗大数据分析 [J]. 暖通空调, 2018, 34 (8): 7-14, 95.

[328] 简毅文, 李清瑞, 刘建. 住宅空调行为状况的实测分析 [J]. 暖通空调, 2013, 43 (3): 91-95.

[329] 李兆坚, 王凡, 李玉良等. 武汉市住宅不同空调方案夏季能耗对比调查分析 [J]. 暖通空调, 2013, 43 (7): 18-22.

[330] 洪霄伟, 杜晓寒, 陈东等. 广州住宅中的人体热适应与空调使用特征——以某高校教师住宅为例 [J]. 建筑科学, 2014, 30 (10): 55-62.

[331] 李兆坚, 刘建华, 田雨忠等. 福州市某小区住宅夏季空调能耗调查分析 [J]. 暖通空调, 2014, 1: 65-69.

[332] 李兆坚, 谢德强, 江红斌等. 北京市住宅空调开机行为和能耗的实测研究 [J]. 暖通空调, 2014, 2: 15-20.

[333] 程烜, 郑竺凌, 卜震. 人员行为模式对住宅建筑空调行为及能耗的影响案例分析 [J]. 建筑科学, 2015, 31 (10): 94-98.

[334] 简毅文, 高萌, 裴泽等. 基于动作的住宅夏季空调开启行为研究 [J]. 建筑科学, 2015, 31 (10): 222-227.

[335] 周浩. 基于室内环境监测数据的人行为识别方法研究 [D]. 天津: 天津大学, 2016.

[336] 刘斌, 牛润萍, 魏绅. 北京地区夏季空调使用行为测试分析 [J]. 建筑学报, 2017, 3: 114-117.

[337] 唐峰，王晓磊，罗一哲等. 夏热冬冷地区住宅建筑能耗长期测试及使用行为模拟分析 [J]. 建筑节能，2016，44（4）：104-107.

[338] 周翔，牟迪，郑顺等. 上海地区夏季居民空调器使用行为及能耗模拟研究 [J]. 建筑技术开发，2016（6）：81-84.

[339] 阮方，章伟，钱匡亮等. 基于 DeST 的夏热冬冷地区居住建筑人行为能耗模拟验证 [J]. 建筑节能，2017，45（1）：6.

[340] WU J, LIU C, LI H, et al. Residential air-conditioner usage in China and efficiency standardization [J]. Energy, 2017, 119 (15): 1036-1046.

[341] SONG Y, SUN Y, LUO S, et al. Indoor environment and adaptive thermal comfort models in residential buildings in Tianjin, China [C] //Procedia Engineering, 2017.

[342] 宋阳瑞，孙越霞，罗述刚等. 天津地区住宅热舒适和建筑空调使用行为研究 [J]. 暖通空调，2018，48（10）：29-33.

[343] 简毅文，高萌，田园泉. 空调行为描述中驱动数据分组方式探讨 [J]. 建筑科学，2019，35（2）：78-85.

[344] 李念平、韩阳丽、何颖东、彭晋卿、贾继康. 长沙地区混合通风住宅老年人空调使用行为 [J]. 湖南大学学报（自然科学版），2020，32（11）：146-153.

[345] 杜晨秋、喻伟、李百战、马言炯、明茹、姚润明. 重庆住宅人员空调使用行为特点及评价 [J]. 建筑科学，2020，36（10）：12-19.

[346] 伍星，李振海，吉野博等. 夏季城市住宅能源消费调查与比较 [J]. 电力与能源，2008，29（1）：41-44.

[347] 万旭东，谢静超，赵耀华等. 北京市夏季住宅用能节能潜力调查及分析 [J]. 建筑科学，2008，24（6）：19-24.

[348] 简毅文，李清瑞，白贞等. 住宅夏季空调行为对空调能耗的影响研究 [J]. 建筑科学，2011，27（12）：16-19.

[349] 郑立星，卢苇，陈洪杰等. 基于空调使用行为的南宁地区夏季室内热舒适性研究 [J]. 四川建筑科学研究，2012，38（6）：313-317.

[350] 汪雨清，郑竺凌. 上海居住建筑夏季用能行为浅析 [J]. 建筑科学，2015，31（10）：10-16.

[351] 丰晓航，燕达，王闯等. 基于大规模问卷调研的住宅夏季空诉典型行为模式研究 [J]. 建筑技术开发，2016，43（2）：90-95.

[352] LEE W V, SHAMAN J. Heat-coping strategies and bedroom thermal satisfaction in New York City [J]. Science of the Total Environment, 2017, 574: 1217-1231.

[353] GOU Z, LAU S Y S, LIN P. Understanding domestic air-conditioning use behaviours: Disciplined body and frugal life [J]. Habitat International, 2017, 60: 50-57.

[354] DIAO L, SUN Y, CHEN Z, et al. Modeling energy consumption in residential buildings: A bottom-up analysis based on occupant behavior pattern clustering and stochastic simulation [J]. Energy and Buildings, 2017, 147: 47-66.

[355] CHEN S, ZHUANG Y, ZHANG J, et al. Statistical Characteristics of Usage Behavior of Air Conditioners in the University Students' Dormitories [J]. Procedia Engineering, 2017, 205: 3593-3598.

[356] 阮方，钱晓倩，钱匡亮等. 人行为模式对外墙内外保温节能效果的影响 [J]. 哈尔滨工业大学学

报，2017，49（2）：109-115.

[357] 司马蕾，卢笑晗，孙文达等. 养老设施夏季居室空调使用意识与行为分析——以上海市为例 [J]. 建筑技艺，2019，291（12）：76-80.

[358] 卢玫珺，罗乔，欧阳金龙. 成都市不同年龄段居民用能行为的调查研究 [J]. 四川建筑科学研究，2020，46（3）：85-91.

[359] 卢玫珺，罗乔. 居民用能行为对能耗影响程度分析 [J]. 福建建材，2020，229（5）：11-13.

[360] 蔡三. 基于大数据监控平台的上海地区房间空调器使用特性研究 [D]. 重庆：重庆大学，2018.

[361] 谭晶月. 基于大数据的重庆地区住宅建筑房间空调器使用特征研究 [D]. 重庆：重庆大学，2018.

[362] 张紫薇，刘猛，薛凯等. 基于房间空调器使用率与设置温度监控数据的能耗预测模型 [J]. 土木与环境工程学报（中英文），2020，42（3）：165-173.

[363] YAN L，LIU M. A simplified prediction model for energy use of air conditioner in residential buildings based on monitoring data from the cloud platform [J]. Sustainable Cities and Society，2020，60：102194.

[364] YAN L，LIU M，XUE K，et al. A study on temperature-setting behavior for room air conditioners based on big data [J]. Journal of Building Engineering，2020，30：101197.

[365] 刘猛，晏璐，李金波等. 基于数据监测平台的重庆地区房间空调器使用作息分析 [J]. 暖通空调，2020，37（5）：6-14，121.